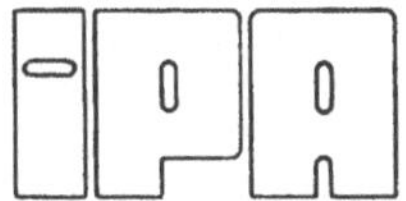

Forschung und Praxis · Band 53

**Berichte aus dem Fraunhofer-Institut
für Produktionstechnik und Automatisierung,
Stuttgart, und dem Institut
für Industrielle Fertigung und Fabrikbetrieb
der Universität Stuttgart**

Herausgeber: Prof. Dr.-Ing. H. J. Warnecke

Roland Gentner

Modelle von Informationssystemen zur kurzfristigen Fertigungssteuerung und ihre Gestaltung nach betriebsspezifischen Gesichtspunkten

Mit 69 Abbildungen und 7 Tabellen

Springer-Verlag
Berlin Heidelberg New York 1981

Dipl.-Ing. Roland Gentner

Fraunhofer-Institut für Produktionstechnik und Automatisierung (IPA), Stuttgart

Dr.-Ing. H. J. Warnecke

o. Professor an der Universität Stuttgart
Fraunhofer-Institut für Produktionstechnik und Automatisierung (IPA), Stuttgart

D 93

ISBN-13:978-3-540-10992-1   e-ISBN-13:978-3-642-81700-7
DOI: 10.1007/978-3-642-81700-7

Gesamtherstellung: Drucken + Werben GmbH · Am Zettachring 12 · 7000 Stuttgart 80
(Industriegebiet Fasanenhof) · Telefon (07 11) 715 69 06/07/08.
2362/3020—543210

Geleitwort des Herausgebers

Die Entwicklungen in der Produktionstechnik in den
letzten Jahrzehnten haben entscheidend zur positiven
wirtschaftlichen und sozialen Entwicklung in der
Bundesrepublik Deutschland beigetragen. Die Produktivi-
tät konnte jedes Jahr um durchschnittlich etwa 3,5 %
gesteigert werden. Mechanisierung und Automatisierung wurden und werden stetig weiter vorangetrieben.
Während es sich bisher jedoch um Verbesserungen an einzelnen Maschinen und Anlagen sowie Verfahren handelte,
werden heute alle Unternehmensbereiche erfaßt, und man
ist bemüht, das gesamte System Unternehmen bzw. Produktionsbetrieb zu optimieren. Das klassische Bemühen um
Optimierung des Einsatzes und Zusammenwirkens der Pro-
duktionsfaktoren Mensch, Maschine und Material muß heute
erweitert werden um die Berücksichtigung sozialer Belange,
gesetzlicher Auflagen, Probleme der Energieversorgung,
schnellen Veränderungen an den Produkten und auf den
Märkten sowie Sicherung der Qualität und der Lieferfähig-
keit.

Von wissenschaftlicher Seite wird und muß dieses Bemühen
unterstützt werden durch die Entwicklung von Methoden
und Vorgehensweisen zur systematischen Analyse und Verbesserung des Systems Produktionsbetrieb. Hier ist heute
insbesondere auch der Fertigungsingenieur gefordert,
nicht nur einzelne Maschinen und Verfahren zu beherrschen,
sondern das gesamte komplexe System hinsichtlich der Verknüpfung seiner Elemente durch zweckmäßigen Informations-
und Materialfluß. Beispielhaft seien dazu nur hinsichtlich des Informationsflusses die heute gegebenen Möglichkeiten der Datenerfassung und -verarbeitung in Fertigungsplanung und -steuerung, an den einzelnen

Produktionsanlagen sowie im Qualitätswesen genannt.
Im Materialfluß geht es um richtige Auswahl und Einsatz von Fördermitteln, Förderhilfsmitteln sowie Anordnung und Ausstattung von Lägern. Der weiteren Automatisierung in der Handhabung von Werkstücken und Werkzeugen sowie der Montage von Produkten wird in nächster Zukunft allergrößte Aufmerksamkeit geschenkt werden. Leistungsfähige Sensoren werden die Möglichkeiten dafür sehr stark vergrößern.

Die beiden vom Herausgeber geleiteten Institute, das Institut für Industrielle Fertigung und Fabrikbetrieb der Universität Stuttgart sowie das Fraunhofer-Institut für Produktionstechnik und Automatisierung in Stuttgart, arbeiten in grundlegender und angewandter Forschung intensiv an den aufgezeigten Entwicklungen in der Produktionstechnik mit. Zur Umsetzung gewonnener Erkenntnisse wird die Schriftenreihe "IPA Forschung und Praxis" herausgegeben. Der vorliegende Band setzt diese Reihe fort, eine Übersicht über bisher erschienene Titel wird am Schluß dieses Bandes gegeben.

Dem Verfasser sei für die geleistete Arbeit gedankt, dem Springer-Verlag für die Aufnahme dieser Schriftenreihe in seine Angebotspalette und der Druckerei für saubere und zügige Ausführung. Möge das Buch von der Fachwelt gut aufgenommen werden.

Hans-Jürgen Warnecke

<u>Vorwort des Verfassers</u>

Die vorliegende Arbeit entstand während meiner Tätigkeit als wissenschaftlicher Mitarbeiter am Fraunhofer-Institut für Produktionstechnik und Automatisierung (IPA), Stuttgart.

Herrn Professor Dr.-Ing. H.-J. Warnecke, dem Leiter des Institutes, bin ich für die wohlwollende Förderung und großzügige Unterstützung der Arbeit zu besonderem Dank verpflichtet.

Mein Dank gilt ebenfalls Herrn Professor DTech. h.c. Dipl.-Ing. K. Tuffentsammer für die eingehende Durchsicht der Arbeit und die sich daraus ergebenden wertvollen Hinweise.

Ein herzlicher Dank geht auch an Herrn Professor Dr.-Ing. H.-J. Bullinger für seine offene und konstruktive Kritik.

Bei allen Mitarbeitern des Institutes, die mir durch kritische Anregungen und stete Hilfsbereitschaft die Erstellung der Arbeit sehr erleichtert haben, bedanke ich mich ebenfalls recht herzlich. Ganz besonders danken möchte ich Herrn Dipl.-Ing. R. Dauser für seine große Diskussionsbereitschaft sowie Herrn cand. mach. J. Lindenberg, der mich bei der Korrektur des Manuskriptes unterstützte.

Stuttgart, 1981   Roland Gentner

Inhaltsverzeichnis

0   ABKÜRZUNGEN

A   Datensatz für Auftragszuweisung

a   Planungsebene

ABPL   Arbeitsplanerstellung mit EDV

AM_h Arbeitsausführung in der Montage

ARPL   Anzahl der Arbeitsplätze in der Teilefertigung

AT_g Arbeitsausführung in der Teilefertigung

AUFD   Auflagedauer

AUPL   Außerplanmäßigkeiten bei der Zuteilung

AVOD   Arbeitsvorgangsdauer

AZEI   durchschnittliche Auftragsbearbeitungszeit
           je Fertigungsauftrag und Arbeitsplatz

AZET   Arbeitszeit je Arbeitsplatz und Schicht

B   Bestell- und Lagerwesen

b   Steuerungsebene

BDE   Betriebsdatenerfassung

BF   Baustellenfertigung

c   Werkstattführungsebene

d   Prozeßebene

DADM   Datendichte in der Teilefertigung je Monat

DAV   Dezentrale Arbeitsverteilung

DEB   Datenerfassung bereichsweise

DEM   Datenerfassung an der Maschine

DS_i benötigte Datensätze

DS_j anfallende Datensätze

EDV   Elektronische Datenverarbeitung

EGE   gesamte Erfassungsleistung in einer Systemebene

F   Fertigung

f   Datensatz für Fertigen

FEAM   Anzahl einzuplanender Fertigungsaufträge je Monat

GF   Gruppenfertigung

IA1   Informationsanfall je Schicht (Zwischenergebnis)

IA_{ges} Anzahl der in der Fertigung zu erfassenden
           Datensätze je Tag

$IA_{Q_{AT}}$ Informationsanfall je Quelle im Teilbereich
           "Arbeitsausführung Teilefertigung"

IAT   Informationsanfall in der Teilefertigung

$IA_{TB_{AT}}$ Informationsfanfall im Teilbereich
           "Arbeitsausführung Teilefertigung"

IA_{WF}	Informationsanfall je Auftrag bei Werkstattfertigung
IA_{WFges}	Informationsfanfall aller Aufträge bei Werkstattfertigung
$IAZM$	Gesamtzahl der zu erfassenden Zeichen je Monat
$IB_{S_{AT}}$	Informationsbedarf je Senke im Teilbereich "Arbeitsausführung Teilefertigung"
$IB_{TB_{AT}}$	Informationsbedarf im Teilbereich "Arbeitsausführung Teilefertigung"
IB_{WF}	Informationsbedarf je Auftrag bei Werkstattfertigung
IB_{WFges}	Informationsbedarf aller Aufträge bei Werkstattfertigung
$If_{a...e}$	Informationsflüsse
K_k	Kontrolle
$KLAS$	Klasse des Summenkriteriums
$KSSP$	Summenkriterium
$KUNA$	Anzahl von Kundenaufträgen in der Fertigung
$K0...K6$	Systemelemente der Teilfunktion "Ausgabe"
L_l	Lagerung
MB_m	Materialbereitstellung
MV_a	Materialvorbereitung
P	Fertigungsplanung
p	Anzahl von Aufträgen im Teilbereich "Vorbereitung"
PB_p	Personalbereitstellung
PF	Punktfertigung
PR	Prozeßregelung
$PRFL$	Produktionsfläche in der Teilefertigung
$PROD$	Ähnlichkeit der hergestellten Produkte
PS	Prozeßsteuerung
$PÜ$	Prozeßüberwachung
Q	Anzahl der abgearbeiteten Fertigungsaufträge je Schicht
q	Anzahl von Aufträgen im Teilbereich "Bereitstellung"
R	Datensatz für Rüsten
r	Anzahl von Aufträgen im Teilbereich "Arbeitsausführung"
RFF	Reihen- und Fließfertigung
S	Fertigungssteuerung
s	Anzahl von Aufträgen im Teilbereich "Kontrolle"

SCHI	Anzahl der Schichten
SPEK	Breite des Erzeugnisspektrums
SPL	Speicherplatz zur Festlegung der Teilfunktion "Ausgabe"
SPPL	Speicherplatz zur Festlegung der Teilfunktion "Erfassung"
STU	Stufigkeit der Produkte
TERB	Terminierungsbasis
TERM	Terminierungsintervall
T_t	Transport
U	Datensatz für Unterbrechung
u	Anzahl der Arbeitsvorgänge je Auftrag in der Teilefertigung
UMPL	Häufigkeit von Umplanungen
V	Anzahl der Arbeitsvorgänge je Fertigungsauftrag
v	Anzahl der Arbeitsvorgänge je Auftrag in der Montage
VARP	durchschnittliche Anzahl abgearbeiteter Arbeitsvorgänge je Arbeitsplatz und Schicht
V_{ges}	durchschnittliche Anzahl abgearbeiteter Arbeitsvorgänge je Schicht
WB_w	Werkzeugbereitstellung
WF	Werkstattfertigung
WV_e	Werkzeugvorbereitung
x	Anzahl von Aufträgen im Teilbereich "Transport"
Y	Rückmeldung begonnener Arbeitsvorgänge bei Arbeitsende und/oder bei Arbeitsbeginn
Y1	zusammengefaßte Arbeitsvorgänge für eine Rückmeldung
y	Anzahl von Aufträgen im Teilbereich "Lagerung"
Z	Störungsmeldungen je Fertigungsauftrag
z	Anzahl der Unterbrechungen je Teilbereich
ZAV	Zentrale Arbeitsverteilung
ZDE	Zentrale Datenerfassung
ZEI	Anzahl der Zeichen je Datensatz
0	EDV-Einsatzstufe 0 (konventionell)
1	EDV-Einsatzstufe 1 (off-line)
2	EDV-Einsatzstufe 2 (on-line/batch)
3	EDV-Einsatzstufe 3 (on-line/real-time)

1   EINLEITUNG

Zur Steuerung und Durchführung der Fertigung werden organisatorische und technische Daten benötigt. Mit der Automatisierung
der Fertigungsvorgänge wird immer mehr die Bewältigung der organisatorischen und technischen Informationsflüsse zur betrieblichen Fertigungssteuerung zum Problem. Diese Entwicklung wird
durch den bereits verbreiteten EDV-Einsatz in den Gebieten der
Fertigungsplanung sowie des Bestell- und Lagerwesens begünstigt
/1,2/.

Im Bereich der k u r z f r i s t i g e n   F e r t i g u n g s -
s t e u e r u n g , in dem der I n f o r m a t i o n s a u s -
t a u s c h zwischen Fertigungsprozeß und Fertigungssteuerung
stattfindet, bestehen heute noch Schwierigkeiten auf dem Weg zu
einem integrierten gesamtbetrieblichen Informationssystem. Dieser Informationsaustausch umfaßt die Z u t e i l u n g ,
Ü b e r w a c h u n g und R ü c k m e l d u n g von Fertigungsaufträgen. Die Schwierigkeiten in diesem Bereich bestehen
meist in nicht vorhersehbaren Störungen im zeitlichen Ablauf
der Fertigung, die eine EDV-gerechte Formalisierung und damit
eine Rationalisierung des Informationsgeschehens erschweren.
Auch außerbetriebliche Faktoren, wie der Zwang zu einer höheren
Flexibilität in der Fertigung, lassen diese Schwierigkeiten zunehmend in den Vordergrund treten /3,4/. Die Flexibilität einer
Fertigung wird aber neben technologischen Gesichtspunkten in
hohem Maße von dem Informationssystem beeinflußt, durch das
diese Fertigung gesteuert wird.
Eine weitere Notwendigkeit zur verstärkten Anpassung der kurzfristigen Fertigungssteuerung an betriebliche Anforderungen ergibt sich aus den Bestrebungen zur Einführung flexibler Arbeitsstrukturen sowie Arbeitszeitregelungen im Fertigungsbereich /5-11/.
Durch ein geeignetes Informationssystem läßt sich eine höhere
Flexibilität in der kurzfristigen Fertigungssteuerung und damit
in der Fertigung erreichen /12/. Mit Hilfe eines solchen Informationssystems können

- bei Ausnahmesituationen Entscheidungen getroffen werden,
  die auf aktuellen Daten aus der Fertigung beruhen;
- die organisatorischen Maßnahmen zur Abwicklung von Fertigungsaufträgen reduziert werden;
- Daten aus der Fertigung für andere betriebliche Bereiche, in denen die EDV bereits weitgehend eingesetzt ist, innerhalb kurzer Zeit in geeigneter Form zur Verfügung gestellt werden.

Wie derartige Informationssysteme ausgehend von bestehenden oder erwarteten betrieblichen Anforderungen gestaltet werden sollten, ist bislang nicht systematisch geklärt. Diese Aufgabenstellung wird in der vorliegenden Arbeit behandelt.

Aufgrund der beschriebenen Anforderungen wird in Zukunft gerade dem Bereich der kurzfristigen Fertigungssteuerung eine entscheidende Bedeutung bei innerbetrieblichen Rationalisierungsbestrebungen zukommen. Demgegenüber besteht in vielen Unternehmen eine große Unsicherheit, nach welchen Methoden die kurzfristige Fertigungssteuerung künftig geschehen soll, welcher Weg zu einem integrierten Informationssystem der richtige ist, und bis zu welcher Automatisierungs- und Dezentralisierungsstufe die betrieblichen Anforderungen einen EDV-Einsatz sinnvoll erscheinen lassen. Als Beitrag zur Beantwortung dieser Fragen wird im folgenden ein Verfahren zur Ermittlung geeigneter Systemmodelle für die kurzfristige Fertigungssteuerung vorgestellt. Die Basis hierzu ist eine Vorgehensweise zur qualitativen und quantitativen Untersuchung der Informationsbeziehungen in diesem Bereich. Dadurch wird die Auswahl eines Informationssystems möglich, das den betriebsspezifisch notwendigen Grad der Automatisierung und Dezentralisierung aufweist.

2 ABGRENZUNG DES UNTERSUCHUNGSFELDES

2.1 Betriebliche Abgrenzung

Aus dem umfangreichen Gebiet der betrieblichen Informationssysteme, wie sie u.a. in /13-16/ beschrieben sind, werden die
Beziehungen zwischen Fertigungssteuerung und Fertigung im Detail betrachtet, wobei der Schwerpunkt auf der k u r z f r i -
s t i g e n F e r t i g u n g s s t e u e r u n g , also der
bereits in der Einleitung erwähnten Zuteilung, Überwachung und
Rückmeldung von Fertigungsaufträgen liegt. Die Informationsbeziehungen zu und zwischen den übergeordneten Gebieten des
Bestell- und Lagerwesens, der Fertigungsplanung und Fertigungssteuerung werden soweit einbezogen, wie dies für die Untersuchung der kurzfristigen Fertigungssteuerung notwendig ist.

In Bild 1, das neben der Fertigung die Aufgabengebiete der Produktionsplanung und -steuerung nach /17/ darstellt, ist das Un-
tersuchungsfeld entsprechend abgegrenzt.

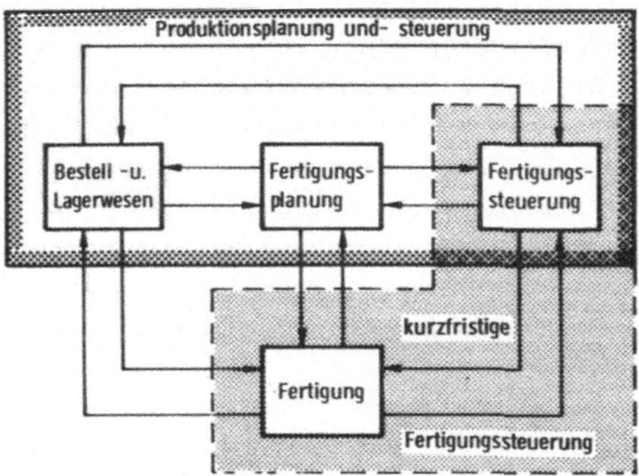

Bild 1: Abgrenzung des Untersuchungsfeldes der kurzfristigen
Fertigungssteuerung

Die im folgenden entwickelten Modelle von Informationssystemen
zur kurzfristigen Fertigungssteuerung sind b r a n c h e n -
n e u t r a l aufgebaut. Erst durch die im Anschluß vorge-
stellte Auswahl eines Systemmodells aufgrund betrieblicher Ein-

flußgrößen erfolgt zwangsläufig die Spezifizierung auf einen bestimmten Fertigungsbetrieb.

Diese Vorgehensweise zur Auswahl eines geeigneten Systemmodells für die kurzfristige Fertigungssteuerung ist so gestaltet, daß sie innerhalb des Fertigungsbetriebs

- bei verschiedenen betrieblichen Organisationstypen
  (s. Kap. 4.4) und
- sowohl in der Teilefertigung als auch in der Montage

angewendet werden kann. Aufgrund des großen Steuerungsaufwandes einer Teilefertigung nach dem Organisationstyp der Werkstattfertigung wird dieser Bereich bei den folgenden Betrachtungen in den Vordergrund gestellt.

2.2   Stand der Entwicklung

Die Entwicklung von EDV-Systemen im zentralen und dezentralen Bereich ermöglicht heute die EDV-unterstützte Planung und Steuerung der Fertigung sowie die Erfassung und Verarbeitung der dabei anfallenden Daten. In /18/ wird die Auffassung vertreten, daß Entscheidungen zur Fertigungssteuerung unter weitgehender Berücksichtigung des Ist- und Soll-Zustands im gesamten Fertigungsbereich nur mit EDV-Unterstützung in einer annehmbaren Zeitspanne gelöst werden können. Durch die in vielen Betrieben zunehmende Notwendigkeit, den Fachabteilungen aktuelle, bedarfsgerecht aufbereitete Informationen anzubieten, erhöhen sich die Anforderungen an die Informationserfassung, -verarbeitung und -bereitstellung. Diese Anforderungen können in der Regel nur durch eine geeignete dezentrale EDV-Unterstützung befriedigend gelöst werden.

Im Bereich der betrieblichen Steuerung und Überwachung als Bindeglied zwischen Planung und Produktion sind aus den in Kapitel 1 erwähnten Gründen entsprechende Rationalisierungsmaßnahmen erforderlich. Dazu ist es notwendig, die Anforderungen von Betrieb und Benutzer im Detail zu kennen und zu beachten. Es ist Inhalt dieser Arbeit, solche Anforderungen mit geeigneten Hilfsmitteln zu erarbeiten und in die Konzeption von Informationssystemen mit einzubeziehen.

Auch in neueren Veröffentlichungen wird ausgeführt, daß das
methodische Instrumentarium zur Analyse und Einführung von Informationssystemen unzureichend ist /19,20,21/. Die bekannten
Systemplanungsmethoden nehmen durch ihre meist für alle Bereiche angestrebte Allgemeingültigkeit sehr komplexe Formen an,
wie dies z.B. bei /22/ der Fall ist. Eine Anwendung im betrieblichen Einzelfall wird dadurch in der Regel erschwert. Daher
wird noch in vielen Betrieben eine umfassende Systemanalyse für
überflüssig gehalten oder aus Aufwandsgründen abgelehnt. Es
kommt hinzu, daß die Betriebe bei der Analyse und Grobprojektierung von Informationssystemen durch die EDV-Hersteller oft
nicht ausreichend unterstützt werden können.

In /23/ wird ausgeführt, daß die bisher bekannten Modelle zur
Abbildung von Fertigungsbetrieben bzw. Teilbereichen davon häufig so stark vereinfacht seien, daß sie den praktischen Erfor-
dernissen zu wenig entsprechen würden.

Für den Bereich der kurzfristigen Fertigungssteuerung fehlt ein
Verfahren, das ausgehend von qualitativen und quantitativen Anforderungen eine Umsetzung dieser Anforderungen in geeignete
Systemmodelle ermöglicht. Gerade diese in der Praxis wichtige
U m s e t z u n g   b e t r i e b l i c h e r   A n f o r d e -
r u n g e n   i n   S y s t e m m o d e l l e   leistet bisher
keines der bekannten Analyseverfahren.

Um Informationssysteme zur kurzfristigen Fertigungssteuerung
bedarfsgerecht gestalten zu können, ist eine betriebsspezifische Ermittlung des Informationsbedarfs und -anfalls in diesem
Bereich erforderlich. Dazu müssen die auftretenden Informationsflüsse so dargestellt werden, daß eine Quantifizierung der
Anforderungen in unterschiedlichen Betrieben möglich wird. Die
bisher bekannten Verfahren zur Beschreibung von Informationsflüssen in Fertigungsbetrieben beschränken sich dagegen auf
qualitative Darstellungen, die keine quantitativen Angaben,
z.B. über zeitliche, örtliche und mengenmäßige Größen, erlauben
/24,25/. Diese Größen werden in der vorliegenden Arbeit berücksichtigt.

Der Bereich der kurzfristigen Fertigungssteuerung wurde schon
von mehreren Verfassern unter verschiedenen Gesichtspunkten untersucht. So steht bei /25/ der Teilbereich der automatisierten Datenerfassung im Hinblick auf die Fertigungssteuerung und
Kostenrechnung im Vordergrund. Bei /26/ und /27/ liegt der
Schwerpunkt auf der Auswahl und Auslegung von Systemen zur Betriebsdatenerfassung. Ein Ansatz zur Auswahl solcher Systeme
mit Hilfe der Kepner-Tregoe-Methode wird in /28/ beschrieben.
In /29/ wird die kurzfristige Fertigungssteuerung gesamthaft
als Informationssystem unter Angabe verschiedener Automatisierungsstufen betrachtet, die Ausführungen beschränken sich aber
auf den Organisationstyp "Werkstattfertigung".

Dagegen wird durch die im folgenden beschriebene Vorgehensweise
zur anforderungsgerechten Gestaltung von Informationssystemen
für die kurzfristige Fertigungssteuerung das gesamte betriebliche Spektrum abgedeckt. Sie ist so angelegt, daß neben allen
betrieblichen Organisationstypen - also Baustellen-, Gruppen-,
Reihen-, Fließ- und Punktfertigung (s. dazu Kap. 4.4) - weitere
qualitative und quantitative Kenngrößen berücksichtigt werden,
die für eine Systemgestaltung maßgeblich sind.

Außerdem werden die beiden Informationsflüsse der Auftragszuteilung und -rückmeldung gleichrangig untersucht, um dadurch
in sich abgestimmte Informationssysteme zur kurzfristigen Fertigungssteuerung zu finden, die in ein betriebliches Gesamtin-
formationssystem integrierbar sind.

2.3   Zielsetzung und Inhalt der Arbeit

Ein Dialog zwischen Steuerungs- und Ausführungsebene mit geeigneten Methoden und Systemen ist die Voraussetzung für ein zu-
friedenstellendes Fertigungsergebnis. Im Rahmen der vorliegenden Arbeit werden praxisorientierte H i l f s m i t t e l
entwickelt, die es ermöglichen, den Bereich der kurzfristigen
Fertigungssteuerung so zu gestalten, daß er den bestehenden und
zukünftigen Anforderungen gerecht werden kann. In den Unternehmen wird bereits häufig versucht, die Anforderungen z.B. an
eine höhere Flexibilität und Auskunftsbereitschaft mit konven-

tionellen oder auch mit EDV-unterstützten Hilfsmitteln aufzufangen. Dies geschieht allerdings meist ohne ein informationstechnologisch abgesichertes Gesamtkonzept und ohne genügende Berücksichtigung betriebsspezifischer Randbedingungen. Es kommt hinzu, daß interessierte Unternehmen einer immer größer werdenden Anzahl von mehr oder weniger aufwendigen Systemen oft ratlos gegenüberstehen /30,31/. Aus diesen Gründen wird im folgenden

- ein Vergleich der Methoden zur kurzfristigen Fertigungssteuerung,
- eine Systematik für die Ermittlung der Anforderungen an ein Informationssystem zur kurzfristigen Fertigungssteuerung, und darauf aufbauend
- ein EDV-unterstütztes Auswahlverfahren für ein anforderungsgerechtes Systemmodell zur kurzfristigen Fertigungssteuerung unter Berücksichtigung des erforderlichen Automatisierungs- und Dezentralisierungsgrades

vorgestellt.

Im ersten Teil werden ausgehend von Methoden zur kurzfristigen Fertigungssteuerung die E l e m e n t e   v o n   S y s t e m e n und ihre Kombination zu   S y s t e m m o d e l l e n   der kurzfristigen Fertigungssteuerung beschrieben (Bild 2: Kap. 3).

Der zweite Teil behandelt die Ermittlung von betriebsspezifischen   A n f o r d e r u n g e n   a n   e i n   I n f o r m a - t i o n s s y s t e m   zur kurzfristigen Fertigungssteuerung. Dazu werden Hilfsmittel zur Beschreibung und Verdichtung dieser Anforderungen erarbeitet (Kap. 4 und 5). Alle Hilfsmittel zur Analyse von Informationssystemen sind so gestaltet, daß sie betriebsspezifisch anpaßbar sind.

Im dritten Teil der Arbeit wird ein   V e r f a h r e n   z u r   A u s w a h l   u n t e r s c h i e d l i c h   a u t o m a t i - s i e r t e r   S y s t e m m o d e l l e   zur kurzfristigen Fertigungssteuerung entwickelt. Ausgehend vom betrieblichen Ist-Zustand und von qualitativen und quantitativen Anforderungen können mit Hilfe eines EDV-Programms alternative Systemvorschläge ermittelt und vergleichbar dargestellt werden. Es lassen sich dadurch Systeme zur kurzfristigen Fertigungssteuerung entwickeln, die in das Gesamtsystem der Produktionsplanung und -steuerung integrierbar sind (Kap. 6).

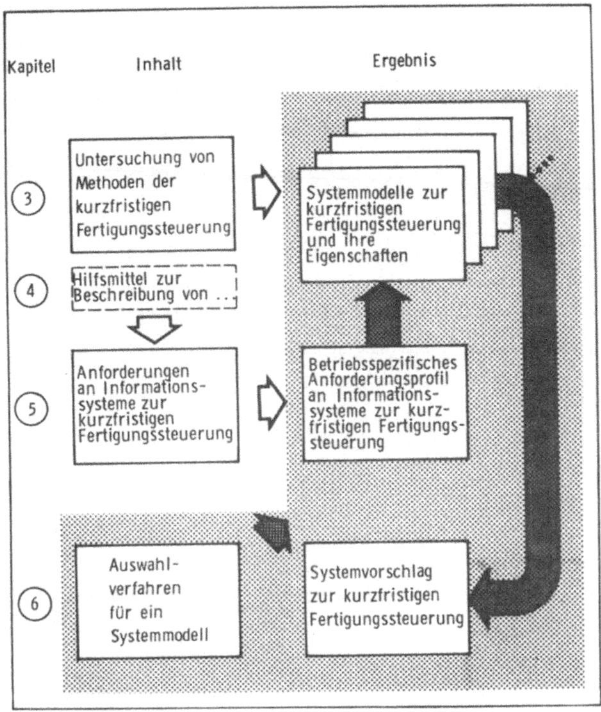

Bild 2: Inhaltsübersicht und Vorgehensweise dieser Arbeit

Die Arbeit stellt insgesamt eine geschlossene Vorgehensweise dar, die von der Ist-Analyse bis zur Formulierung eines anfor- derungsgerechten Systemvorschlags für die kurzfristige Ferti- gungssteuerung reicht. Diese Vorgehensweise ist gekennzeichnet durch die weitgehende Berücksichtigung von Informationsflüssen und betriebsspezifischen Einflußgrößen. Ein solcher seitens der betrieblichen Anforderungen abgesicherter Systemvorschlag bil- det die Basis für eine Systemauswahl und die damit verbundenen Wirtschaftlichkeitsbetrachtungen. Die Beurteilung der Wirt- schaftlichkeit von realen Systemen der kurzfristigen Fertigungs- steuerung oder der gesamten Produktionsplanung und -steuerung ist nicht mehr Inhalt dieser informationstechnologisch orientierten Arbeit. Bemerkungen zum Entwicklungsstand von Verfahren zur Wirtschaftlichkeitsbeurteilung solcher Systeme sind in /31/ zu finden. Ein entsprechendes Verfahren enthält /32/.

Der **G e l t u n g s b e r e i c h** sowie die **E i n s a t z - m ö g l i c h k e i t e n u n d - g r e n z e n** der im Rahmen dieser Arbeit entwickelten Verfahren zur

- Ermittlung eines betriebsspezifischen Anforderungsprofils (Kap. 5)

und zur darauf aufbauenden

- Auswahl eines geeigneten Systemvorschlags für die kurzfristige Fertigungssteuerung (Kap. 6)

werden jeweils zu Beginn dieser Kapitel und in Kapitel 6.3 (Anwendungsaspekte) aufgezeigt.

3   EIGENSCHAFTEN VON METHODEN UND SYSTEMMODELLEN
     DER KURZFRISTIGEN FERTIGUNGSSTEUERUNG

3.1   Methoden der kurzfristigen Fertigungssteuerung

Im organisatorischen Bereich der kurzfristigen Fertigungssteuerung sind zwei Hauptinformationsflüsse zu unterscheiden: der
von der Fertigungssteuerung zur Fertigung gerichtete Informationsfluß der Z u t e i l u n g und der umgekehrte Informationsfluß der R ü c k m e l d u n g (Bild 3). Für die Rückmeldung von Daten aus der Fertigung an eine übergeordnete Ebene
ist die Erfassung dieser Daten Voraussetzung. Dieser Vorgang
wird mit "Betriebsdatenerfassung (BDE)" bezeichnet.

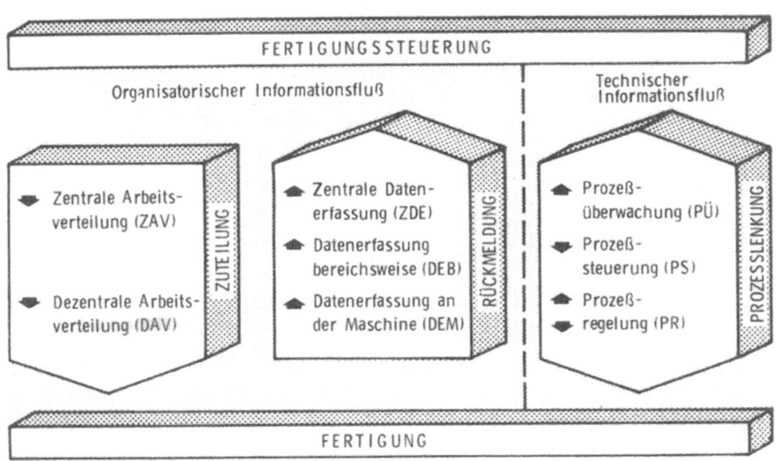

Bild 3: Informationsflüsse im Bereich der kurzfristigen
        Fertigungssteuerung

Daneben gewinnt der technische Informationsfluß zur P r o -
z e ß l e n k u n g mit zunehmender Automatisierung der Fertigungsvorgänge an Bedeutung /33/. In Bild 3 sind diesen Informationsflüssen die Methoden zugeordnet, die zu ihrer Realisierung
verwendet werden können. "Methode" ist dabei als "Weg zur Lösung von Problemen im Rahmen der Erfüllung einer bestimmten Aufgabe" zu verstehen /17/.

Die Zuteilung von Fertigungsaufträgen kann z e n t r a l
(z.B. mit Hilfe eines Leitstandes) oder d e z e n t r a l
(z.B. durch die Meister) geschehen. Diese Vorgänge werden mit
Zentraler Arbeitsverteilung (ZAV) und Dezentraler Arbeitsverteilung (DAV) bezeichnet. In /34/ sind die Methoden der Arbeitsverteilung detailliert erklärt. Eine Erfassung und Rückmeldung
von Daten aus der Fertigung kann - u.a. abhängig von ihrer Art
und Menge - d i r e k t a n d e r M a s c h i n e , b e -
r e i c h s w e i s e o d e r z e n t r a l erfolgen. Diese
Methoden der Rückmeldung sind in /35/ erläutert. Bei der Prozeßlenkung liegen im Gegensatz zu den oben beschriebenen Zutei-
lungs- und Rückmeldevorgängen die Ausgabe- und Erfassungsorte
der Daten direkt im Fertigungsprozeß. Man unterscheidet hier
in der Regel zwischen den verschiedenen Automatisierungsstufen
der Prozeßüberwachung, -steuerung und -regelung. Bei der
P r o z e ß ü b e r w a c h u n g werden Prozeßdaten zentral
oder dezentral angezeigt und eventuell ausgewertet. Die
P r o z e ß s t e u e r u n g bestimmt durch die schrittweise
Ausgabe von fest vorgegebenen Signalen und Bedienungsanweisun-
gen an den Prozeß dessen Ablauf, während bei der P r o -
z e ß r e g e l u n g ein geschlossener Wirkungskreis vor-
liegt, in dem Ist-Werte aus dem Prozeß fortlaufend erfaßt, mit
Führungsgrößen verglichen und daraus abgeleitete Soll-Werte an
den Prozeß ausgegeben werden /36/. Diese acht prinzipiellen
Methoden lassen bereits die unterschiedlichen Kombinationsmöglichkeiten in der Praxis erkennen, die eine betriebsspezifische
Auswahl abhängig von den herrschenden Einflußgrößen erforderlich machen.

Im folgenden wird der Schwerpunkt der Untersuchung auf den
o r g a n i s a t o r i s c h e n I n f o r m a t i o n s -
f l u ß gelegt. Der technische Informationsfluß zur Prozeßüberwachung, -steuerung und -regelung wird im Hinblick auf die
Integration von EDV-unterstützten Fertigungseinrichtungen in
Informationssysteme zur kurzfristigen Fertigungssteuerung berücksichtigt. Eine detaillierte Abhandlung mit dem Schwerpunkt
des technischen Informationsflusses stellt /33/ dar.

Zur Erreichung des notwendigen Automatisierungs- und Dezentralisierungsgrads im Bereich der kurzfristigen Fertigungssteuerung können verschiedene Wege beschritten werden (Bild 4). Im
einen Extremfall würde eine Automatisierung mit Hilfe der EDV
ohne Dezentralisierung erfolgen.

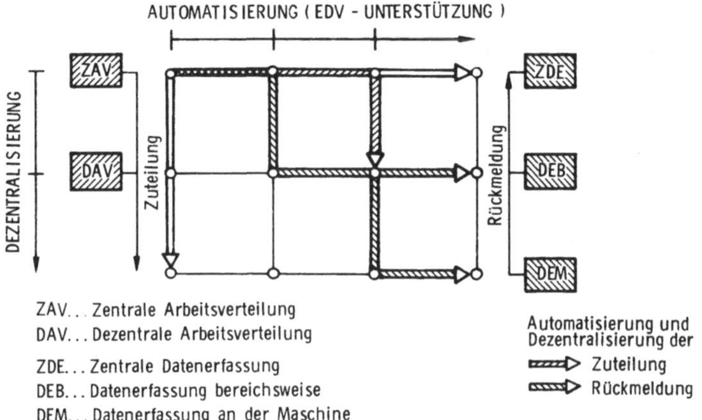

Bild 4: Alternative Automatisierungsschritte von Methoden
        zur kurzfristigen Fertigungssteuerung (Beispiel)

Der andere Extremfall wäre eine Dezentralisierung von Aufgaben
der Fertigungssteuerung ohne gleichzeitige, zumindest teilweise Automatisierung des Informationssystems. Beide Extremfälle
dürften im Bereich der kurzfristigen Fertigungssteuerung nicht
die Regel sein. Die sinnvollen Kombinationen und Lösungsschrit-
te liegen zwischen diesen Grenzen (s. Beispiel in Bild 4).

Über die Vor- und Nachteile zentraler und dezentraler EDV-Systeme sind in der Literatur genügend Beiträge zu finden, so daß
hier auf grundsätzliche Ausführungen verzichtet werden kann
/37-44/. Vielmehr wird im folgenden eine Vorgehensweise zur Ermittlung eines a n f o r d e r u n g s g e r e c h t e n
A u t o m a t i s i e r u n g s - u n d D e z e n t r a l i -
s i e r u n g s g r a d s in diesem Bereich vorgestellt. Dazu

wurde eine Beschreibungssystematik entwickelt, die es erlaubt, diese in der Praxis entscheidenden Größen der Gestaltung von Informationssystemen zur kurzfristigen Fertigungssteuerung darzustellen. Ihre Festlegung in Abhängigkeit von betrieblichen Anforderungen ist Inhalt des 6. Kapitels.

3.2 Darstellungsverfahren für Systeme zur kurzfristigen Fertigungssteuerung mit Hilfe von Systemelementen

Zur Beschreibung des Dezentralisierungsgrads von Systemen zur kurzfristigen Fertigungssteuerung wird von folgenden S y s t e m e b e n e n ausgegangen:

    a : Planungsebene

    b : Steuerungsebene

    c : Werkstattführungsebene

    d : Prozeßebene.

Nimmt man eine Abgrenzung dieser Ebenen vor, so sind der P l a n u n g s - , S t e u e r u n g s - u n d W e r k s t a t t f ü h r u n g s e b e n e die Aufgaben des planenden, steuernden und überwachenden Anteils der Fertigungssteuerung zuzuordnen /45/. In der P r o z e ß e b e n e werden die Fertigungsaufgaben ausgeführt. Die zu ihrer Lösung erforderlichen bzw. bei der Lösung anfallenden organisatorischen oder technischen Informationen machen bei der Prozeßebene eine doppelte Betrachtungsweise notwendig. Einmal hat diese Ebene einen organisatorischen, dem eigentlichen Fertigungsprozeß vorgelagerten Charakter (Auftragszuteilung und -rückmeldung). Zum anderen ist die Prozeßebene im Sinne der Prozeßlenkung technisch orientiert aufzufassen.

Um die einzelnen Vorgänge in der kurzfristigen Fertigungssteuerung beschreiben zu können, werden die verschiedenen T e i l f u n k t i o n e n

    - Erfassung,
    - Vorverarbeitung,
    - Verarbeitung und
    - Ausgabe

unterschieden. Je aktueller die Rückmeldung von Betriebsdaten sein soll, um so näher am Anfallort und mit einer um so höheren EDV-Einsatzstufe muß ihre E r f a s s u n g erfolgen. Eine eventuelle V o r v e r a r b e i t u n g der erfaßten Daten (z.B. Kontrolle, Verdichtung, Auswertung) wird vorrangig in der Werkstattführungsebene oder Steuerungsebene durchgeführt. Die V e r a r b e i t u n g der erfaßten und eventuell bereits vorverarbeiteten Daten geschieht in der Regel in der Steuerungs- und Planungsebene, z.B. auf einem dialogorientierten Prozeßrechner oder einem stapelorientierten Planungsrechner. Eine A u s g a b e von Arbeitsanweisungen an die Fertigung kann zentral von der Steuerungsebene aus oder dezentral von der Werkstattführungsebene aus vorgenommen werden.

Weitere denkbare Teilfunktionen wie Speicherung und Transport bzw. Übertragung werden aus folgenden Gründen nicht berücksichtigt: Erstens ist nicht grundsätzlich festzulegen, zwischen welchen Teilfunktionen in der Praxis z.B. eine zusätzliche Datenspeicherung notwendig wird. Zum zweiten wird das Auftreten dieser weiteren Teilfunktionen durch die Gestaltung der Erfassung, Vorverarbeitung, Verarbeitung und Ausgabe mit festgelegt.

Für die Unterscheidung des Automatisierungsgrades im Gebiet der kurzfristigen Fertigungssteuerung werden entsprechend Bild 5 folgende vier prinzipiellen E D V - E i n s a t z s t u f e n definiert:

    0: konventionell (Datenerfassung, -verarbeitung und -ausgabe ohne EDV-Unterstützung)

    1: off-line (Transport von EDV-erstellten Datenträgern zwischen Erfassung, Verarbeitung und Ausgabe)

    2: on-line/batch (Datenübertragung durch Kabelverbindung sofort nach Erfassung/spätere stapelweise Verarbeitung und Ausgabe)

    3: on-line/real-time (Datenübertragung durch Kabelverbindung sofort nach Erfassung/sofortige Datenverarbeitung und Ausgabe der Ergebnisse: "Echtzeit-" oder "Dialogverarbeitung").

Bei der EDV-Einsatzstufe 0 (k o n v e n t i o n e l l) wird von einem belegorientierten System mit konventionellen Hilfsmitteln (wie z.B. Leitstände, Karteien und Telefonverbindungen) ohne EDV-Unterstützung ausgegangen.

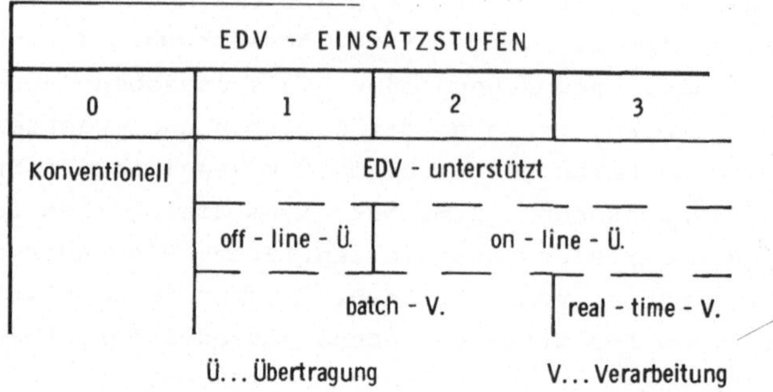

Bild 5: EDV-Einsatzstufen zur kurzfristigen Fertigungssteuerung

Die EDV-Einsatzstufe 1 (o f f - l i n e) ist durch eine Off-line-EDV-Unterstützung von Systemteilen oder im gesamten System gekennzeichnet. Diese Stufe liegt auch dann vor, wenn bestimmte Teile des Systems bereits eine On-line-Lösung enthalten, im Gesamtsystem aber noch überwiegend Off-line-Verbindungen bestehen (z.B. Transport von Datenträgern zu einem zentralen Rechner).

In der EDV-Einsatzstufe 2 (o n - l i n e / b a t c h) werden solche Systeme zusammengefaßt, die dezentral in der Mehrzahl oder ausschließlich aus On-line-Systemteilen bestehen und vor allem zur organisatorischen Fertigungssteuerung dienen. Hierzu eingesetzte EDV-Programme sind aufgrund ihrer Komplexität noch weitgehend stapel-(batch-)orientiert /46,47/.

Technische Systeme überwiegend zur Prozeßlenkung, in denen eine sofortige, automatische Reaktion im Sinne eines Regelvorgangs erfolgt, sind der EDV-Einsatzstufe 3 (o n - l i n e / r e a l - t i m e) zuzuordnen.

In Bild 5 werden die Stufen 1 bis 3 hinsichtlich der Art ihrer Verarbeitung und Übertragung gegeneinander abgegrenzt. So bedingt z.B. eine Off-line-Übertragung eine Stapelverarbeitung (Stufe 1), während eine On-line-Übertragung eine Stapel- oder Echtzeitverarbeitung zuläßt (Stufe 2: on-line/batch und Stufe 3: on-line/real-time).

Zur Darstellung der definierten Größen wird eine Matrix verwendet, die eine vergleichbare Betrachtungsweise alternativer Lösungen ermöglicht (Bild 6).

In dieser Matrix sind die folgenden Größen enthalten:

- Systemebene (a bis d),
- Teilfunktion (Erfassung, Vorverarbeitung, Verarbeitung, Ausgabe) und
- EDV-Einsatzstufe (0 bis 3).

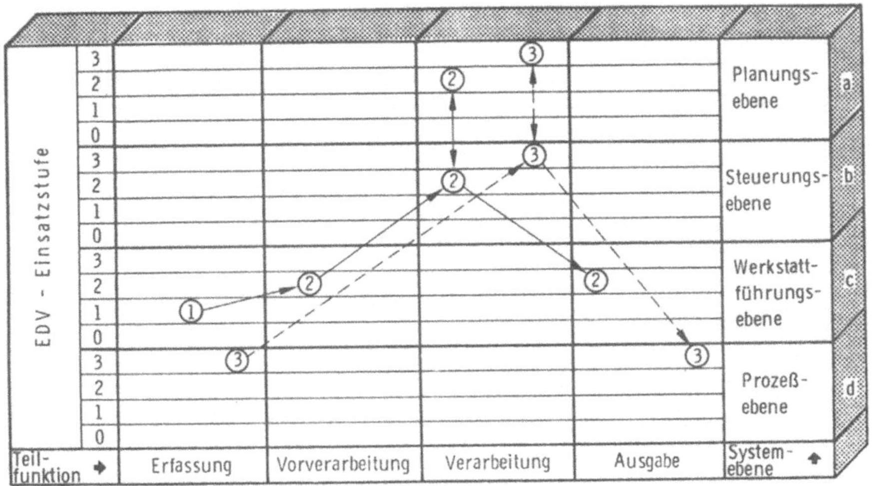

Bild 6: Modell eines Informationssystems zur kurzfristigen Fertigungssteuerung (Beispiel)

Diese drei Angaben stellen gleichzeitig die Beschreibungsgrößen von S y s t e m e l e m e n t e n dar (z.B. "Erfassung von Daten in Ebene c (Werkstattführungsebene) und Stufe 1 (off-line)". Die Kombination und gegenseitige Abstimmung geeigneter Systemelemente führt zu S y s t e m m o d e l l e n , d.h. die hierarchische Verteilung von Erfassungs-, Vorverarbeitungs-, Verarbeitungs- und Ausgabefunktionen in verschiedenen EDV-Einsatzstufen.

Die Auswahl eines Systemmodells aufgrund bestehender betrieblicher Anforderungen hat einen S y s t e m v o r s c h l a g
zum Ergebnis. Dieser Systemvorschlag läßt sich mit S y -
s t e m b a u s t e i n e n (Hard- und Softwarekomponenten) in
ein reales S y s t e m zur kurzfristigen Fertigungssteuerung
umsetzen.

Bild 6 zeigt das Beispiel eines solchen Systemvorschlags, in
dem zwei unterschiedlich automatisierte Informationsabläufe zu
erkennen sind. Der eine Ablauf stellt die organisatorische Fertigungssteuerung dar (Stufen 1 und 2), der andere beschreibt
die Art der Prozeßlenkung (Stufe 3). Die Kombinierbarkeit von
Teilfunktionen, Systemebenen und EDV-Einsatzstufen wird im
folgenden Kapitel behandelt.

3.3   Kombination von Systemelementen zu Systemmodellen

3.3.1 Beschreibung der Systemmodelle

Nach der Art der zu übermittelnden Daten läßt sich folgende
Gliederung angeben:

> - Systemmodelle mit organisatorischem Informations-
>   fluß (Gruppen 1 bis 9; vgl. Bild 7 (Übersicht)
>   und Bilder 8 bis 16) sowie
> - Systemmodelle mit organisatorischem und technischem
>   Informationsfluß (Systemmodelle mit Maschinendaten-
>   erfassung: Gruppe 10; vgl. Bild 7 (Übersicht) und
>   Bild 17).

Die Systemmodell-Gruppen 1 bis 10 sind nach aufsteigendem Automatisierungsgrad geordnet (Bild 7). Innerhalb einer Gruppe werden die einzelnen Systemmodelle nach zunehmendem Automatisie-
rungs- und Dezentralisierungsgrad unterteilt (letzte Ziffer
der Modell-Nummern). Die Systemmodelle mit Maschinendatenerfassung unterscheiden sich in ihrem Dezentralisierungsgrad nur
unwesentlich. Sie sind daher in einer Gruppe, gestuft nach zunehmendem Automatisierungsgrad, zusammengefaßt.

Die der Definition der Systemmodelle zugrundeliegenden V e r -
t r ä g l i c h k e i t s b e d i n g u n g e n sowie der
G e l t u n g s b e r e i c h der Systemmodelle werden im
nachfolgenden Kapitel 3.3.2 erläutert.

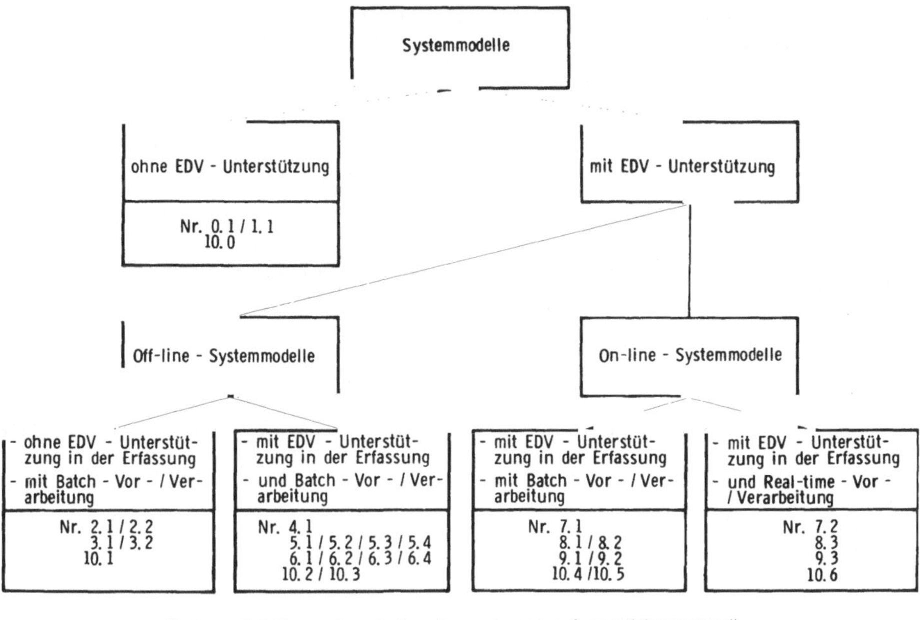

Bild 7: Gliederung der Systemmodelle zur kurzfristigen Fertigungssteuerung nach ihrem Automatisierungsgrad

Entsprechend dem Automatisierungsgrad wird unterschieden zwischen Systemmodellen ohne EDV-Unterstützung und Systemmodellen mit EDV-Unterstützung (vgl. Bild 7).

Bei den S y s t e m m o d e l l e n   o h n e   E D V - U n - t e r s t ü t z u n g wird der Informationsfluß in allen Teilfunktionen manuell oder mechanisiert abgewickelt. Infolge der vielen Fehlermöglichkeiten, des erforderlichen hohen Personalaufwandes und der fallenden Kosten für EDV-Systeme werden diese Systemmodelle auch in Kleinbetrieben zunehmend von EDV-unterstützten Systemmodellen verdrängt.

Bei S y s t e m m o d e l l e n   m i t   E D V - U n t e r - s t ü t z u n g wird zumindest ein Teil der Informationen, die in der Fertigung benötigt werden bzw. dort ihren Ursprung haben, mit Hilfe der EDV verarbeitet. Entsprechend der Art der Datenübertragung ist zwischen Off-line-Systemmodellen und On-line-Systemmodellen zu unterscheiden.

Die O f f - l i n e - S y s t e m m o d e l l e sind durch mindestens eine Off-line-Übertragung zwischen Erfassung, Vorverarbeitung und Verarbeitung gekennzeichnet. Entsprechend dieser Randbedingung können die Daten in den Teilfunktionen Vorverarbeitung und Verarbeitung nur zu bestimmten Zeitpunkten stapelweise ("batch") verarbeitet werden. Innerhalb der Off-line-Systemmodelle kann die Erfassung der Daten ohne oder mit EDV-Unterstützung erfolgen.

Die Off-line-Systemmodelle sind für eine konventionelle oder EDV-unterstützte Terminsteuerung und -überwachung geeignet. Durch den Einsatz der EDV für die Terminsteuerung verbessern sich die Eigenschaften aller Systemmodelle zur Erfüllung der folgenden Ziele:

- Erhöhung der Überschaubarkeit des Fertigungsablaufes
- Verkürzung der Durchlaufzeiten
- Verbesserung der Termintreue
- Verbesserung der Produktionsmittelauslastung
- Verringerung der Kapitalbindung
- Wegfall von Routinearbeiten.

Für die höher automatisierten Systemmodelle mit EDV-Unterstützung ist eine maschinelle Lesbarkeit der zu erfassenden Belege erforderlich.

Die O n - l i n e - S y s t e m m o d e l l e ermöglichen eine On-line-Rückmeldung aus der Fertigung. Auch die Datenübertragung von der Vorverarbeitung bzw. Verarbeitung zur Ausgabe geschieht vorzugsweise on-line. Die Systemmodelle eignen sich zur zentralen und dezentralen Belegerstellung und bieten die Möglichkeit einer Belegerstellung auf Abruf. Durch die On-line-Verbindungen sind die Voraussetzungen für einen Dialog (z.B. über Bildschirmterminals) und für Aufgaben, die einen direkten Rechnerzugriff erfordern, gegeben. Durch ihre EDV-Unterstützung in allen Teilfunktionen eignen sich diese Systemmodelle bei hohen zeitlichen Anforderungen und notwendigen kurzfristigen Reaktionen auf Störungen. Es können bestimmte Datenträger entfallen; auch eine Erfassung und Zuteilung ohne Belege ist möglich. Entsprechend der Lösungshäufigkeit der dispositiven Aufgaben sind diese Systemmodelle in On-line-Systemmodelle mit Batch-Vorverarbeitung bzw. -Verarbeitung und in solche mit Real-time-Vorverarbeitung bzw. -Verarbeitung zu trennen.

Im folgenden werden die einzelnen Systemmodelle inhaltlich und bezüglich ihrer Eigenschaften beschrieben.

<u>Systemmodelle 0.1 und 1.1 (Bilder 8.1 und 8.2)</u>:

Das zentrale (0.1) und das dezentrale (1.1) Systemmodell besitzen im gesamten System keine EDV-Unterstützung. Neben der rein manuellen Bewältigung der Aufgaben stehen noch konventionelle Hilfsmittel zur Verfügung (z.B. Umdruckverfahren zur Belegerstellung, Rückmeldung über Telefon oder Lichtsignale). Die Disposition z.B. in einem Leitstand läßt nur eine zentrale Arbeitsverteilung und eventuell eine zusätzliche dezentrale Dispositionskompetenz in der Werkstattführungsebene zu.

Die in der Regel hohe Fehlerrate bei der Erfassung und die langen Bearbeitungszeiten der dispositiven Aufgaben begünstigen das Entstehen von Fehlentscheidungen durch einen Rückgriff auf falsche oder nicht mehr aktuelle Daten. Eine Erweiterung des Aufgabenumfanges ist mit einem zusätzlichen Personalaufwand verbunden.

<u>Systemmodelle 2.1 und 2.2 (Bilder 9.1 und 9.2)</u>:

Diese beiden Systemmodelle stellen auf der Erfassungsseite zentrale Datensammelsysteme ohne EDV-Unterstützung dar. Die zentral gesammelten Belege werden in der Teilfunktion Erfassung ohne EDV-Unterstützung in eine EDV-kompatible Form gebracht (z.B. werden die auf vorgelochten Lochkarten manuell fixierten Daten zusätzlich codiert). Nach dem Transport zur Verarbeitung werden sie in die EDV eingelesen und im Stapel verarbeitet (Systemmodell 2.1). Durch die Möglichkeit der Vorverarbeitung enthält das Systemmodell 2.2 die damit verbundenen zusätzlichen Eigenschaften. So reduziert z.B. eine Formatkontrolle in

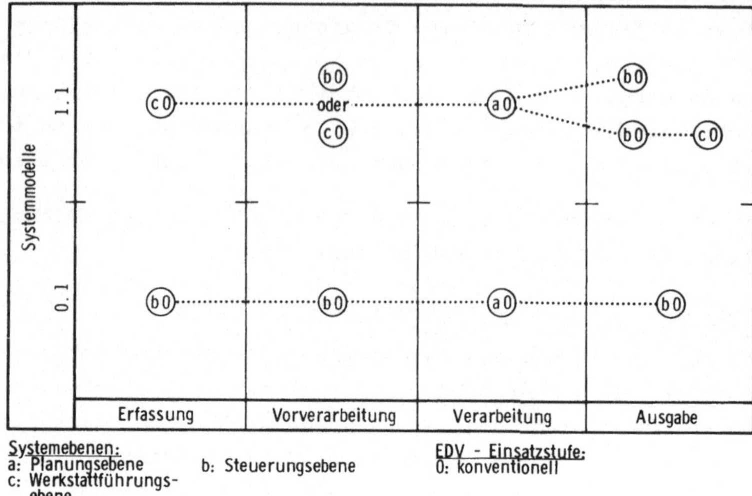

Bild 8.1: Systemmodelle 0.1 und 1.1

der Vorverarbeitung die Fehlerrate. Durch den dort erstellten Zwischendatenträger wird die Datensicherheit erhöht. Eine mögliche Verarbeitung in der Steuerungsebene ist für das Modell 2.2 nicht gegeben, da in diesem Fall eine hierarchische Trennung der Teilfunktionen aufgrund des geringen Automatisierungsgrades nicht möglich ist.

Die Möglichkeiten der Ausgabe sind abhängig von der Terminierung in der Teilfunktion Verarbeitung. Bei einer EDV-unterstützten Terminierung wird die Disposition mit Hilfe EDV-erstellter Listen in der Steuerungs- und/oder Werkstattführungsebene durchgeführt. Bei konventioneller Terminierung (z.B. mit Hilfe eines Leitstandes) ist nur eine zentrale Arbeitsverteilung von der Steuerungsebene aus möglich.

Systemmodelle 3.1 und 3.2 (Bilder 10.1 und 10.2):

Diese Systemmodell-Gruppe entspricht Datensammelsystemen ohne EDV-Unterstützung mit dezentraler Erfassung in der Werkstattführungsebene. Die Systemmodelle unterscheiden sich von denen

Eigenschaften	Ausprägungen bei den Systemmodellen			
	0.1	1.1		
Zeitbedarf vom Datenanfall bis zur Eingabe in die EDV (Stunden)	—			
Feinplanung mit EDV	—			
Mögliche Terminierungsläufe pro Woche	—			
Maximale Erfassungsleistung pro Erfassungsplatz (Zeichen / Minute) ohne Kontrolle, Korrektur / mit Kontrolle, Korrektur	40 / 27			
Erfassungspersonal	Spezialpersonal			
Warteschlangen bei Datenanfallspitzen	nein			
Ortsfester Erfassungsplatz	ja	nein		
Fehlererkennung Formatkontrolle / Plausibilitätskontrolle	nein			
Fehlerrate	sehr hoch			
Möglichkeit des Bildschirm - Dialoges	—			
EDV - unterstützte Belegerstellung in der Ausgabe	—			
Hierarchisches Rechnersystem für die Fertigungssteuerung	—			
Automatisierungsgrad (EDV - Einsatzstufe)	0			

— nicht relevant

Bild 8.2: Eigenschaften der Systemmodelle 0.1 und 1.1

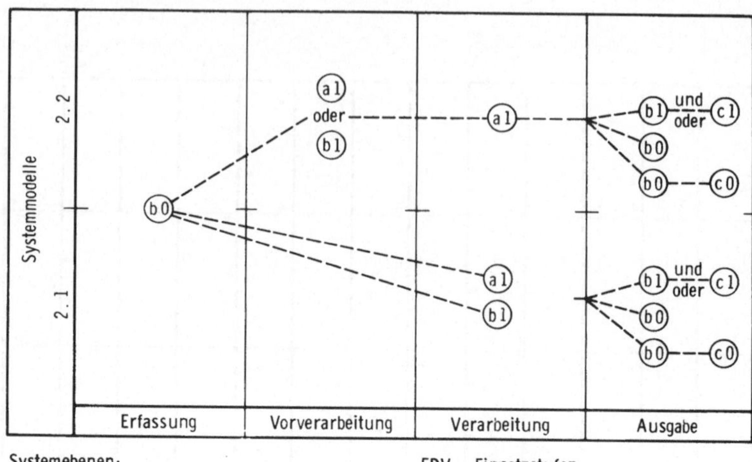

Bild 9.1: Systemmodelle 2.1 und 2.2

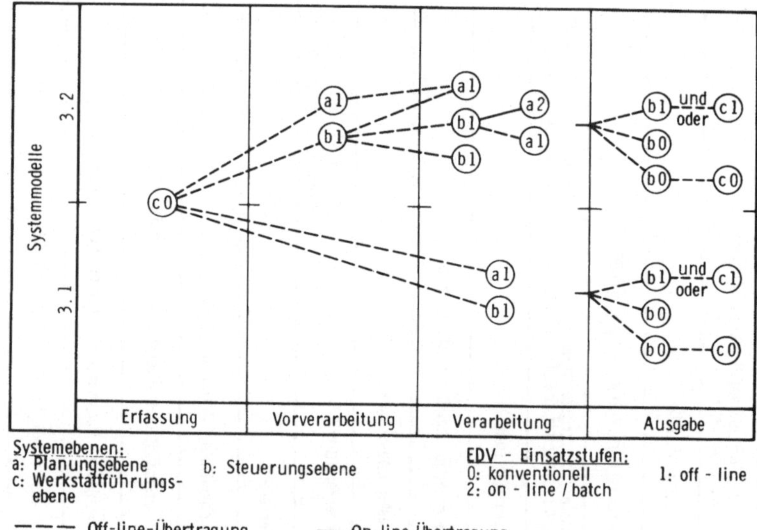

Bild 10.1: Systemmodelle 3.1 und 3.2

Eigenschaften	Ausprägungen bei den Systemmodellen			
	2.1	2.2		
Zeitbedarf vom Datenanfall bis zur Eingabe in die EDV (Stunden)	12	10		
Feinplanung mit EDV	nein / ja			
Mögliche Terminierungsläufe pro Woche	1, (2)	$\leq$ 1, (2)		
Maximale Erfassungsleistung pro Erfassungsplatz (Zeichen / Minute) — ohne Kontrolle, Korrektur / mit Kontrolle, Korrektur	96 / 46			
Erfassungspersonal	Spezialpersonal			
Warteschlangen bei Datenanfallspitzen	nein			
Ortsfester Erfassungsplatz	ja			
Fehlererkennung — Formatkontrolle / Plausibilitätskontrolle	nein	in Vorverarb. / nein		
Fehlerrate	hoch			
Möglichkeit des Bildschirm - Dialoges	nein			
EDV - unterstützte Belegerstellung in der Ausgabe	nein			
Hierarchisches Rechnersystem für die Fertigungssteuerung	nein			
Automatisierungsgrad (EDV - Einsatzstufe)	1			

Bild 9.2: Eigenschaften der Systemmodelle 2.1 und 2.2

Eigenschaften		Ausprägungen bei den Systemmodellen			
		3.1	3.2		
Zeitbedarf vom Datenanfall bis zur Eingabe in die EDV (Stunden)		12	10		
Feinplanung mit EDV		nein / ja			
Mögliche Terminierungsläufe pro Woche		1, (2)			
Maximale Erfassungsleistung pro Erfassungsplatz (Zeichen / Minute)	ohne Kontrolle, Korrektur	96			
	mit Kontrolle, Korrektur	46			
Erfassungspersonal		Spezialpersonal			
Warteschlangen bei Datenanfallspitzen		nein			
Ortsfester Erfassungsplatz		nein			
Fehlererkennung	Formatkontrolle	nein	in Vorverarb.		
	Plausibilitätskontrolle		nein		
Fehlerrate		hoch			
Möglichkeit des Bildschirm - Dialoges		nein			
EDV - unterstützte Belegerstellung in der Ausgabe		nein			
Hierarchisches Rechnersystem für die Fertigungssteuerung		nein			
Automatisierungsgrad (EDV - Einsatzstufe)		1			

Bild 10.2: Eigenschaften der Systemmodelle 3.1 und 3.2

der Systemmodell-Gruppe 2 im Dezentralisierungsgrad und der möglichen On-line-Verbindung zur Verarbeitung. In beiden Modellen werden die Daten bereichsweise in der Werkstattführungsebene gesammelt und off-line zur zentralen Vorverarbeitung und Verarbeitung übertragen. Der Rechner in der Steuerungsebene bewältigt vorzugsweise Aufgaben der Fertigungssteuerung und kann gegebenenfalls auf die Dateien des übergeordneten Rechners in der Planungsebene off-line oder on-line zurückgreifen.

<u>Systemmodell 4.1 (Bilder 11.1 und 11.2)</u>:

Dieses Systemmodell läßt sich durch ein zentrales Datensammelsystem mit EDV-Unterstützung realisieren. In der Teilfunktion Erfassung erfolgt eine EDV-unterstützte Speicherung oder Umsetzung auf EDV-kompatible Datenträger höherer Einleseleistung (z.B. Magnetband oder -platte). Bei einer höheren Erfassungsleistung gegenüber den vorhergehenden Systemmodellen verringert sich die Fehlerrate aufgrund der EDV-Unterstützung erheblich. Die Ausgabe erfolgt zentral in der Steuerungsebene entsprechend der vorhergehenden Terminierung konventionell oder EDV-unterstützt.

<u>Systemmodelle 5.1, 5.2, 5.3 und 5.4 (Bilder 12.1 und 12.2)</u>:

Alle vier Systemmodell-Gruppen entsprechen dezentralen Off-line-Systemen zur Betriebsdatenerfassung mit unterschiedlicher EDV-Unterstützung. Die Daten werden in der Werkstattführungsebene auf EDV-kompatible Datenträger erfaßt (Systemmodelle 5.1, 5.2, 5.3) oder nach sofortiger On-line-Übertragung in der Teilfunktion Vorverarbeitung gespeichert (Systemmodell 5.4). Die On-line-Verbindung im Systemmodell 5.3 erübrigt das zentrale Umsetzen der erfaßten Daten auf einen Zwischendatenträger. Es besteht die Möglichkeit des Zugriffs zu den Dateien des zentralen Rechners in der Planungsebene. Die Ausgabe kann entsprechend höher automatisiert werden, um z.B. eine Abfrage aktueller Daten zu ermöglichen. Dieses Systemmodell läßt sich bis zum On-line-Systemmodell 8.2 ausbauen, das die Möglichkeit einer Disposition im Dialog mit dem Rechner bietet.

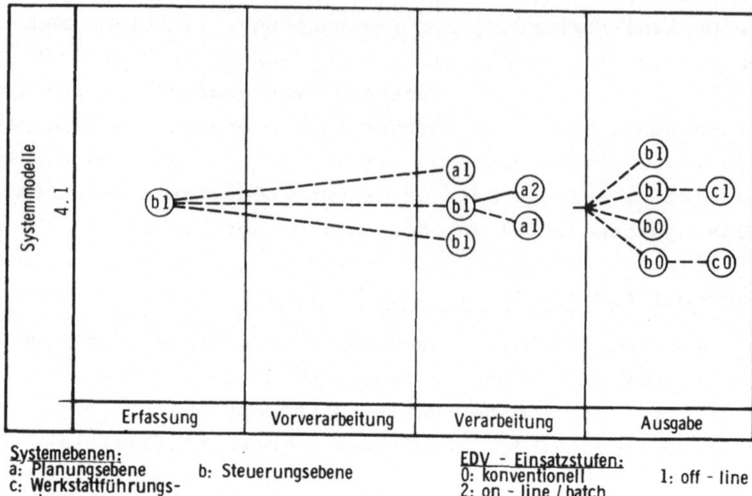

Bild 11.1: Systemmodell 4.1

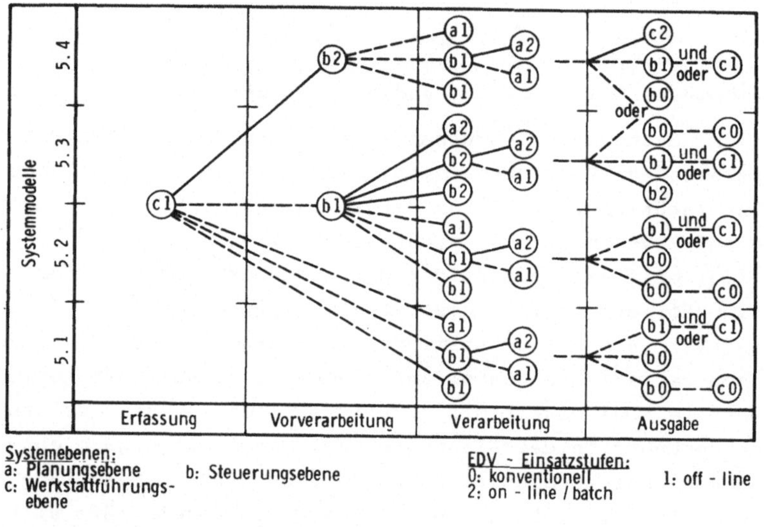

Bild 12.1: Systemmodelle 5.1, 5.2, 5.3 und 5.4

Eigenschaften		Ausprägungen bei den Systemmodellen			
		4.1			
Zeitbedarf vom Datenanfall bis zur Eingabe in die EDV (Stunden)		10			
Feinplanung mit EDV		nein / ja			
Mögliche Terminierungsläufe pro Woche		1, (2)			
Maximale Erfassungsleistung pro Erfassungsplatz (Zeichen / Minute)	ohne Kontrolle, Korrektur mit Kontrolle, Korrektur	114 57			
Erfassungspersonal		Spezialpersonal			
Warteschlangen bei Datenanfallspitzen		nein			
Ortsfester Erfassungsplatz		nein			
Fehlererkennung	Formatkontrolle Plausibilitätskontrolle	ja nein			
Fehlerrate		mittel			
Möglichkeit des Bildschirm - Dialoges		nein			
EDV - unterstützte Belegerstellung in der Ausgabe		nein			
Hierarchisches Rechnersystem für die Fertigungssteuerung		nein			
Automatisierungsgrad (EDV - Einsatzstufe)		1			

Bild 11.2: Eigenschaften des Systemmodells 4.1

<table>
<thead>
<tr><th rowspan="2">Eigenschaften</th><th colspan="4">Ausprägungen bei den Systemmodellen</th></tr>
<tr><th>5.1</th><th>5.2</th><th>5.3</th><th>5.4</th></tr>
</thead>
<tbody>
<tr><td>Zeitbedarf vom Datenanfall bis zur Eingabe in die EDV (Stunden)</td><td>10</td><td colspan="2">12</td><td>8</td></tr>
<tr><td>Feinplanung mit EDV</td><td colspan="2">nein / ja</td><td colspan="2">nein</td></tr>
<tr><td>Mögliche Terminierungsläufe pro Woche</td><td>2</td><td>1 bis 2</td><td>2</td><td>2 (bis 5)</td></tr>
<tr><td>Maximale Erfassungsleistung pro Erfassungsplatz (Zeichen / Minute) ohne Kontrolle, Korrektur
mit Kontrolle, Korrektur</td><td colspan="4">114
91</td></tr>
<tr><td>Erfassungspersonal</td><td colspan="4">Spezial- oder Produktionspersonal</td></tr>
<tr><td>Warteschlangen bei Datenanfallspitzen</td><td colspan="3">nein</td><td>möglich</td></tr>
<tr><td>Ortsfester Erfassungsplatz</td><td colspan="3">nein / ja</td><td>ja</td></tr>
<tr><td>Fehlererkennung Formatkontrolle
Plausibilitätskontrolle</td><td colspan="2">ja
nein</td><td>ja
in Vorverarb.</td><td>ja</td></tr>
<tr><td>Fehlerrate</td><td colspan="3">mittel</td><td>niedrig</td></tr>
<tr><td>Möglichkeit des Bildschirm - Dialoges zwischen</td><td colspan="2">nein</td><td>Vorverarb. / Ausgabe — Verarbeitung</td><td>Erfassung / Ausgabe — Vorverarbeitung</td></tr>
<tr><td>EDV - unterstützte Belegerstellung in der Ausgabe</td><td colspan="2">nein</td><td colspan="2">ja</td></tr>
<tr><td>Hierarchisches Rechnersystem für die Fertigungssteuerung</td><td colspan="3">nein</td><td>ja</td></tr>
<tr><td>Automatisierungsgrad (EDV - Einsatzstufe)</td><td colspan="2">1</td><td colspan="2">1 bis 2</td></tr>
</tbody>
</table>

Bild 12.2: Eigenschaften der Systemmodelle 5.1, 5.2, 5.3 und 5.4

Mit der On-line-Datenerfassung des Systemmodells 5.4 lassen sich
Rechnerhierarchien und On-line-Verbindungen zur Ausgabe in der
Werkstattführungsebene verwirklichen. Der höchste Automatisierungsgrad ist für dieses Systemmodell erreicht, wenn Fertigungsrechner in der Vorverarbeitung z.B. die Feinterminierung
für Teilbereiche der Fertigung selbständig ausführen. Hierzu
liefern die Rechner in der Planungs- und Steuerungsebene dem
Fertigungsrechner alle notwendigen Daten und Vorgabewerte der
Grobplanung.

Die On-line-Verbindung zur Werkstattführungsebene ermöglicht
die Abfrage des aktuellen Fertigungsfortschritts (z.B. über
einen Bildschirm oder Drucker) und eine dezentrale Belegerstellung durch die EDV.

<u>Systemmodelle 6.1, 6.2, 6.3 und 6.4 (Bilder 13.1 und 13.2)</u>:

Diese Systemmodelle unterscheiden sich von den entsprechenden
Systemmodellen der Gruppe 5 durch die weitere Dezentralisierung
der Erfassung in die Prozeßebene und durch die mögliche Erweiterung der Rechnerhierarchie in der Steuerungsebene. Das Einlesen der Belege in die dezentralen Datenstationen kann durch
das Produktionspersonal vorgenommen werden. In dieser Gruppe
nimmt die Fehlerrate mit steigendem Automatisierungsgrad der
Systemmodelle weiter ab.

Die fortgeschrittene Automatisierung und Dezentralisierung der
Systemmodelle und die dadurch ermöglichte aktuelle Betriebsdatenerfassung erfordern eine EDV-unterstützte Terminierung. Deshalb erfolgt die Disposition und Ausgabe der Fertigungsaufträge in den EDV-Einsatzstufen 1 (off-line) oder 2 (on-line/
batch).

<u>Systemmodelle 7.1 und 7.2 (Bilder 14.1 und 14.2)</u>:

Diese beiden On-line-Systemmodelle sind durch ihre hohe Automatisierungsstufe, ihren niedrigen Dezentralisierungsgrad (nur
bis zur Steuerungsebene) und die geringe bis mittlere Fehlerrate charakterisiert. Durch den niedrigen Dezentralisierungsgrad sind diese Systemmodelle auch mit konventionellen Leitständen zur Fertigungssteuerung verträglich.

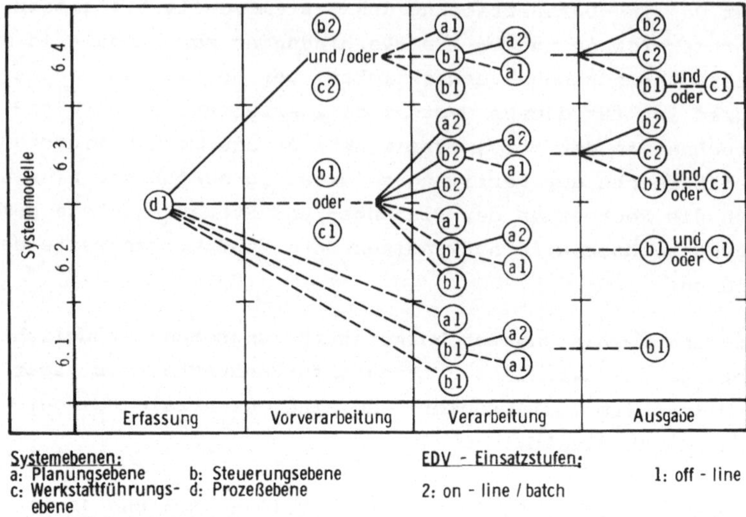

Bild 13.1: Systemmodelle 6.1, 6.2, 6.3 und 6.4

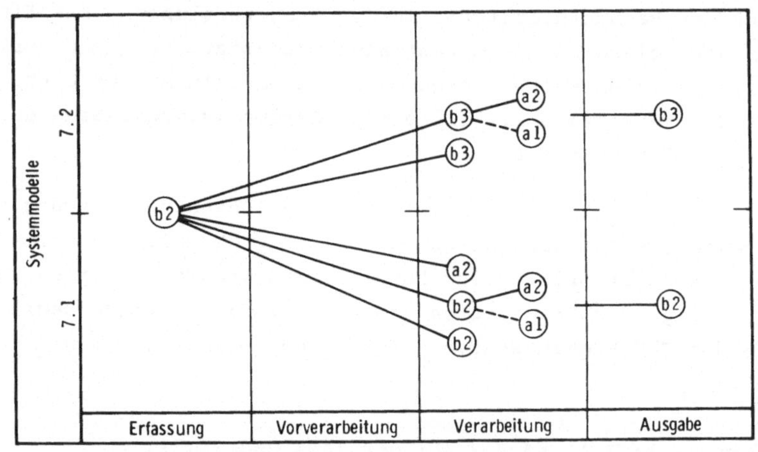

Bild 14.1: Systemmodelle 7.1 und 7.2

Eigenschaften		Ausprägungen bei den Systemmodellen			
		6.1	6.2	6.3	6.4
Zeitbedarf vom Datenanfall bis zur Eingabe in die EDV (Stunden)		10	12		8
Feinplanung mit EDV		ja			
Mögliche Terminierungsläufe pro Woche		2	1 bis 2	2	2 (bis 5)
Maximale Erfassungsleistung pro Erfassungsplatz (Zeichen / Minute)	ohne Kontrolle, Korrektur mit Kontrolle, Korrektur	114 91			
Erfassungspersonal		Spezial- oder Produktionspersonal			
Warteschlangen bei Datenanfallspitzen		nein			möglich
Ortsfester Erfassungsplatz		nein / ja			ja
Fehlererkennung	Formatkontrolle Plausibilitätskontrolle	ja nein		ja In Vorverarb.	ja
Fehlerrate		mittel			niedrig
Möglichkeit des Bildschirm - Dialoges zwischen		nein		Vorverarb. / Ausgabe — Verarbeitung	Erfassung / Ausgabe — Vorverarbeitung
EDV - unterstützte Belegerstellung in der Ausgabe		nein		ja	
Hierarchisches Rechnersystem für die Fertigungssteuerung		nein			ja
Automatisierungsgrad (EDV - Einsatzstufe)		1		1 bis 2	

Bild 13.2: Eigenschaften der Systemmodelle 6.1, 6.2, 6.3 und 6.4

Eigenschaften		Ausprägungen bei den Systemmodellen			
		7.1	7.2		
Zeitbedarf vom Datenanfall bis zur Eingabe in die EDV (Stunden)		4 bis 6			
Feinplanung mit EDV		ja			
Mögliche Terminierungsläufe pro Woche		2 (bis 5)	2 bis 5		
Maximale Erfassungsleistung pro Erfassungsplatz (Zeichen / Minute)	ohne Kontrolle, Korrektur mit Kontrolle, Korrektur	114 91			
Erfassungspersonal		Spezialpersonal			
Warteschlangen bei Datenanfallspitzen		nein			
Ortsfester Erfassungsplatz		ja			
Fehlererkennung	Formatkontrolle Plausibilitätskontrolle	ja			
Fehlerrate		niedrig bis mittel			
Möglichkeit des Bildschirm - Dialoges		ja			
EDV - unterstützte Belegerstellung in der Ausgabe		ja			
Hierarchisches Rechnersystem für die Fertigungssteuerung		nein			
Automatisierungsgrad (EDV - Einsatzstufe)		2 bis 3			

Bild 14.2: Eigenschaften der Systemmodelle 7.1 und 7.2

Bei dem Systemmodell 7.1 werden die in der Steuerungsebene erfaßten Daten im externen Speicher des Rechners zwischengespeichert und später im Stapel verarbeitet. Die Disposition erfolgt in der Steuerungsebene anhand der vom Rechner abfragbaren Informationen. Das System kann für die Fertigungssteuerung ohne den Rückfluß von Belegen von der Prozeß- zur Steuerungsebene eingesetzt werden. Die erforderlichen Rückmeldungen können z.B. telefonisch erfolgen.

Die Möglichkeit der Real-time-Datenverarbeitung kommt im Systemmodell 7.2 durch die EDV-Einsatzstufe 3 in den Teilfunktionen Verarbeitung und Ausgabe zum Ausdruck. Das Systemmodell beinhaltet auch die Möglichkeit der Real-time-Terminierung im Dialog.

Systemmodelle 8.1, 8.2 und 8.3 (Bilder 15.1 und 15.2):

Die zeitnahen Erfassungs- und Verarbeitungsmöglichkeiten dieser Systemmodelle erlauben auch in der Ausgabe einen hohen Automatisierungs- und Dezentralisierungsgrad. Es bestehen die Möglichkeiten der rein dezentralen Arbeitsverteilung in der Werkstattführungsebene und der Belegerstellung am Terminal. Die Vorverarbeitung der Systemmodelle 8.2 und 8.3 erlaubt eine Verteilung und Dezentralisierung von Verarbeitungsaufgaben in Rechnerhierarchien und Mehrrechnersystemen mit niedrigen Fehlerraten und hoher Ausfallsicherheit.

Das Systemmodell 8.3 ermöglicht aufgrund einer direkten Verarbeitung der erfaßten Daten durch den Rechner in der Steuerungsebene eine aktuelle Unterstützung der dispositiven Entscheidungen. Bei den Systemmodellen 8.1 und 8.2 kann die Terminierung im Stapelbetrieb mehrmals wöchentlich erfolgen.

Auch diese Systemmodelle zeichnen sich durch geringe Fehlerraten und - bedingt durch den hohen Automatisierungs- und Dezentralisierungsgrad - kurzfristige EDV-unterstützte Dispositionsmöglichkeiten aus.

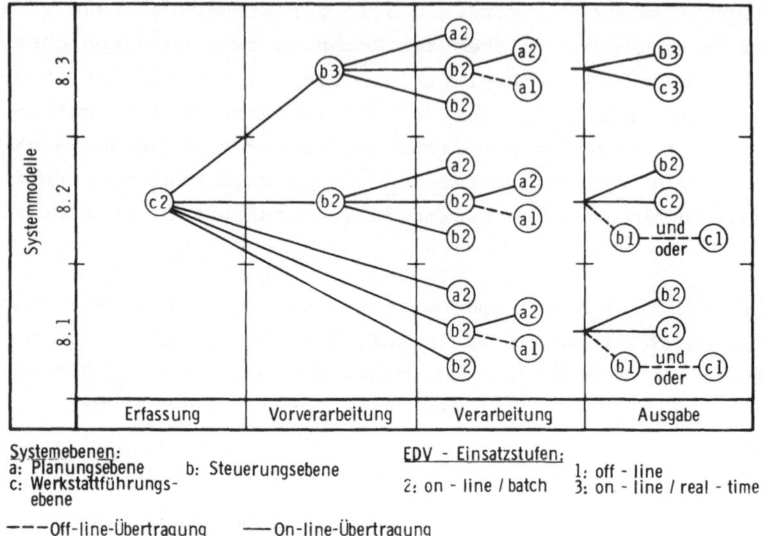

Bild 15.1: Systemmodelle 8.1, 8.2 und 8.3

Systemmodelle 9.1, 9.2 und 9.3 (Bilder 16.1 und 16.2):

Die Systemmodelle dieser Gruppe unterscheiden sich von den entsprechenden der Gruppe 8 durch die weitere Dezentralisierung der Teilfunktionen Erfassung und Ausgabe bis in die Prozeßebene. Durch zusätzliche Rechner z.B. in der Werkstattführungsebene ist es möglich, ein weitgehend dezentralisiertes Verarbeitungskonzept zu verwirklichen. Der selbständige Betrieb dieser Rechner erlaubt den Zugriff zu dezentralen Datenbeständen und über Vorrechner in der Steuerungsebene den Zugriff zu Datenbanken anderer Rechner.

Mit dem Systemmodell 9.3 wird der höchste Dezentralisierungs- und Automatisierungsgrad (Prozeßebene; EDV-Einsatzstufe 3: real-time) aller Systemmodelle für den organisatorischen Informationsfluß erreicht.

Eigenschaften	Ausprägungen bei den Systemmodellen		
	8.1	8.2	8.3
Zeitbedarf vom Datenanfall bis zur Eingabe in die EDV (Stunden)	(0), 4, (6)	2	0
Feinplanung mit EDV	ja		
Mögliche Terminierungsläufe pro Woche	2 bis 5		real - time
Maximale Erfassungsleistung pro Erfassungsplatz (Zeichen / Minute) ohne Kontrolle, Korrektur mit Kontrolle, Korrektur	114 91		
Erfassungspersonal	Werker		
Warteschlangen bei Datenanfallspitzen	möglich		
Ortsfester Erfassungsplatz	ja		
Fehlererkennung Formatkontrolle Plausibilitätskontrolle	ja		
Fehlerrate	niedrig		
Möglichkeit des Bildschirm - Dialoges	ja		
EDV - unterstützte Belegerstellung in der Ausgabe	zentral oder dezentral		
Hierarchisches Rechnersystem für die Fertigungssteuerung	nein	ja	
Automatisierungsgrad (EDV - Einsatzstufe)	2		3

Bild 15.2: Eigenschaften der Systemmodelle 8.1, 8.2 und 8.3

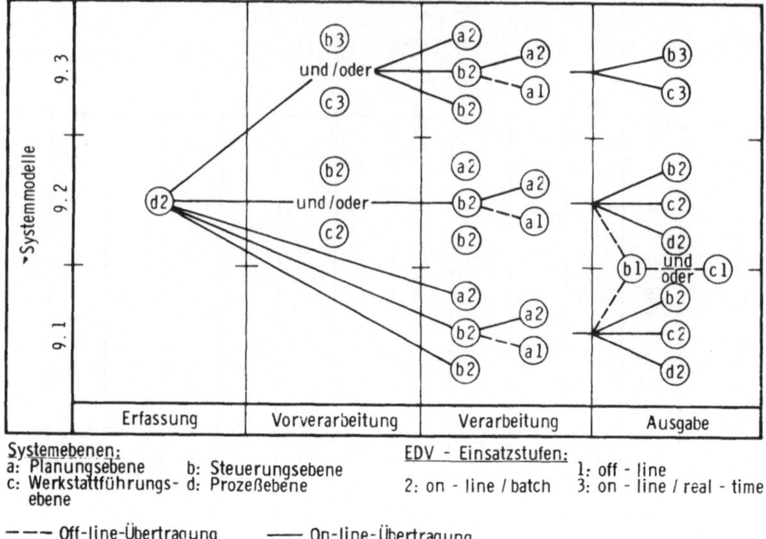

Systemebenen:
a: Planungsebene   b: Steuerungsebene
c: Werkstattführungs- d: Prozeßebene
   ebene

EDV - Einsatzstufen:
1: off - line
2: on - line / batch   3: on - line / real - time

– – – Off-line-Übertragung   —— On-line-Übertragung

Bild 16.1: Systemmodelle 9.1, 9.2 und 9.3

Systemmodelle 10.0, 10.1, 10.2, 10.3, 10.4, 10.5 und 10.6 (Bilder 17.1 und 17.2):

Neben der Bewältigung des organisatorischen Informationsflusses
eignen sich die Systemmodelle mit Maschinendatenerfassung abhängig von ihrem Automatisierungsgrad auch zur Abwicklung des
technischen Informationsflusses für die Prozeßüberwachung,
-steuerung und -regelung. Da technische Daten eine Erfassung am
Entstehungsort erfordern, ist die Erfassungsebene für alle Modelle die Prozeßebene. Eine Zunahme des Dezentralisierungsgrades wird nur noch durch eine dezentrale Vorverarbeitung und
Verarbeitung erreicht. Der Automatisierungsgrad nimmt von Stufe 0 (Systemmodell 10.0) bis Stufe 3 (Systemmodell 10.6) entsprechend der Ordnungszahl in der Systemmodell-Gruppe zu.

Das Systemmodell 10.0 enthält die herkömmliche Erfassung der
Maschinendaten über Geber auf konventionelle Datenträger. Die
Datenträger werden manuell oder EDV-unterstützt ausgewertet.
Eine Reaktion auf die ausgewerteten Daten geschieht durch eine
konventionelle Ausgabe organisatorischer Daten.

Eigenschaften	Ausprägungen bei den Systemmodellen		
	9.1	9.2	9.3
Zeitbedarf vom Datenanfall bis zur Eingabe in die EDV (Stunden)	0	2	0
Feinplanung mit EDV	ja		
Mögliche Terminierungsläufe pro Woche	bis 5		real - time
Maximale Erfassungsleistung pro Erfassungsplatz (Zeichen / Minute) ohne Kontrolle, Korrektur mit Kontrolle, Korrektur	114 91		
Erfassungspersonal	Werker		
Warteschlangen bei Datenanfallspitzen	möglich		
Ortsfester Erfassungsplatz	ja		
Fehlererkennung Formatkontrolle Plausibilitätskontrolle	ja		
Fehlerrate	niedrig		
Möglichkeit des Bildschirm - Dialoges	ja		
EDV - unterstützte Belegerstellung in der Ausgabe	zentral oder dezentral		
Hierarchisches Rechnersystem für die Fertigungssteuerung	nein	ja	
Automatisierungsgrad (EDV - Einsatzstufe)	2		3

Bild 16.2: Eigenschaften der Systemmodelle 9.1, 9.2 und 9.3

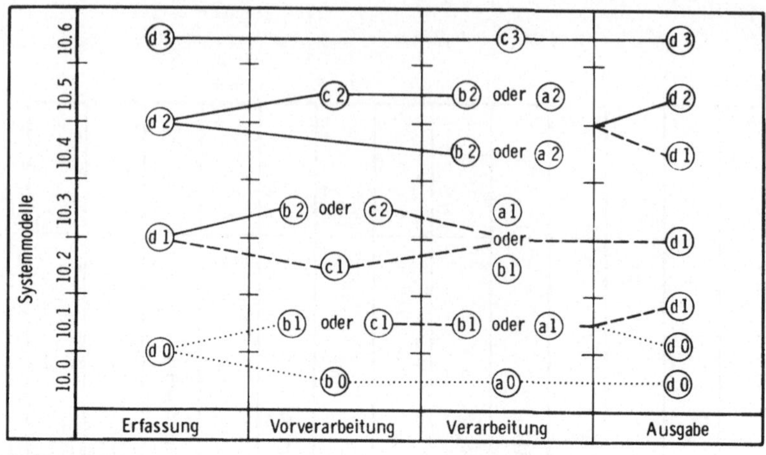

Bild 17.1: Systemmodelle 10.0, 10.1, 10.2, 10.3, 10.4, 10.5
und 10.6

Im Systemmodell 10.1 werden die auf einem nicht EDV-kompatiblen Datenträger fixierten Daten bereichsweise in der Teilfunktion Vorverarbeitung auf einen EDV-kompatiblen Datenträger umgesetzt. Nach der Off-line-Übertragung zur Teilfunktion Verarbeitung erfolgt in der Planungs- oder Steuerungsebene ihre EDV-
unterstützte Auswertung. Die neuen Vorgabewerte werden konventionell oder off-line auf von der EDV erstellten Datenträgern
ausgegeben.

Durch das Systemmodell 10.2 wird die direkte Erfassung der Ma-
schinendaten auf EDV-kompatible Datenträger und ihr Off-line-
Transport zur Vorverarbeitung und Verarbeitung ausgedrückt. Zur
Prozeßsteuerung werden die Steuerungsdaten off-line ausgegeben
(z.B. auf EDV-kompatiblen Datenträgern zur Steuerung von NC-
Maschinen).

Dem Systemmodell 10.3 entspricht eine On-line-Übertragung der
an den Maschinen EDV-unterstützt erfaßten Daten zur bereichs-
weisen oder zentralen Vorverarbeitung. Nach dem Sammeln der

Eigenschaften	Ausprägungen bei den Systemmodellen						
	10.0	10.1	10.2	10.3	10.4	10.5	10.6
Zeitbedarf vom Datenanfall bis zur Eingabe in die EDV (Stunden)	—	14	10	8	0	2	0
Datenfixierung	analog	analog	analog	analog/digital	digital	digital	digital
Geeignet zur Prozeßüberwachung (mit EDV)	—	nein	nein	nein	ja	ja	ja
Geeignet zur Prozeßsteuerung	—	nein	ja	ja	ja	ja	ja
Geeignet zur Prozeßregelung	—	nein	nein	nein	nein	nein	ja
Ausbaufähig zum Systemmodell Nr.	10.1	nein	10.3	10.5	10.6	10.6	—
Geeignet zur automatischen Qualitätskontrolle	—	nein	ja	ja	ja	ja	ja
Fehlerrate	sehr hoch	sehr hoch	hoch	mittel	niedrig	niedrig	niedrig
Automatisierungsgrad (EDV- Einsatzstufe)	0	1	1	1 bis 2	2	2	3

— nicht relevant

Bild 17.2: Eigenschaften der Systemmodelle 10.0, 10.1, 10.2, 10.3, 10.4, 10.5 und 10.6

Daten auf einem EDV-kompatiblen Datenträger und der Off-line-Übertragung in die Planungs- oder Steuerungsebene erfolgt die stapelweise Datenverarbeitung. Die Ausgabe entspricht derjenigen von Modell 10.2.

Die Systemmodelle 10.4 und 10.5 unterscheiden sich nur in der Teilfunktion Vorverarbeitung. Im Systemmodell 10.5 gelangen die erfaßten Daten on-line zur Verarbeitung. Eine mögliche Prozeßsteuerung kann durch eine Off-line- oder On-line-Ausgabe erfolgen.

Das Systemmodell 10.6 hat mit der EDV-Einsatzstufe 3 (real-time) in allen Teilfunktionen und mit einer Verarbeitung in der Werkstattführungsebene den höchsten Automatisierungs- und Dezentralisierungsgrad aller beschriebenen Systemmodelle. Durch die On-line-Übertragung und die Real-time-Verarbeitung sind die Voraussetzungen für ein System zur Prozeßregelung gegeben.

3.3.2 Geltungsbereich und Verträglichkeitsbedingungen

Durch die Kombination geeigneter Systemelemente ergaben sich Systemmodelle zur kurzfristigen Fertigungssteuerung. Sie stellen Grundstrukturen von Informationssystemen für homogene Teilbereiche der Fertigung dar. Diese im vorigen Kapitel beschriebenen Systemmodelle wurden für die Teilefertigung mit ihren hohen Anforderungen an die Fertigungssteuerung konzipiert. Sie sind jedoch auch für andere Bereiche der Fertigung (z.B. Härterei, Montage) anwendbar. Unter Berücksichtigung zusätzlicher Anforderungen lassen sich die Systemmodelle auch auf Bereiche, die der Fertigung vor- oder nachgelagert sind (z.B. Materialbereitstellung, Zwischenlager) übertragen.

Trotz des erkennbaren Trends zu dezentralen Dialogsystemen wurden auch konventionelle Systemmodelle definiert, um bei der Gestaltung von Systemvorschlägen vom betrieblichen Ist-Zustand ausgehen zu können. Weiter wurde in den Systemmodellen nicht nur der einseitig gerichtete Informationsfluß der Datenerfassung, sondern im Sinne eines Regelkreises die jeweils geeignete Datenausgabe für die Fertigung berücksichtigt. Die in ihrem Automatisierungs- und Dezentralisierungsgrad zunehmenden Systemmo-

delle lassen sich als E n t w i c k l u n g s s t u f e n beim
Aufbau eines Informationssystems zur kurzfristigen Fertigungssteuerung auffassen.

Die einzelnen Systemmodelle enthalten die möglichen Kombinationen von Systemelementen unter Berücksichtigung gegenseitiger
V e r t r ä g l i c h k e i t s b e d i n g u n g e n . Diese
Verträglichkeitsbedingungen ergaben sich aus der engen Abhängigkeit der Systemelemente in den vier Teilfunktionen Erfassung,
Vorverarbeitung, Verarbeitung und Ausgabe (vgl. Kap. 3.2). Folgende Verträglichkeitsbedingungen wurden berücksichtigt:

1. Zwingende funktionelle Aufeinanderfolge der
   Teilfunktionen
2. Mögliche hierarchische Gliederung der Systemebenen und Rechnersysteme
3. Kombinierbarkeit konventioneller Organisations-
   mittel mit EDV-technischen Hilfsmitteln
4. Zulassung nur von gleichen bzw. benachbarten
   EDV-Einsatzstufen der Systemelemente.

Eine Sonderstellung nimmt die Teilfunktion A u s g a b e ein.
Die Auswahl von Systemelementen zur Ausgabe ist einerseits von
den Systemelemente-Kombinationen der vorhergehenden Teilfunktionen Erfassung, Vorverarbeitung und Verarbeitung abhängig.
Zum anderen hat sich die Festlegung der Teilfunktion Ausgabe
nach einzelnen Aufgaben der Verarbeitung, nämlich der Terminierung und Belegerstellung zu richten. Da ein Systemelement der
Verarbeitung über diese Aufgaben keine Aussage zuläßt, mußten
für die Teilfunktion Ausgabe besondere Systemelemente definiert
werden. Diese mit den Verarbeitungsaufgaben verträglichen Systemelemente K0 bis K6 sind in Bild 18 dargestellt.

Dabei wurde von folgenden Annahmen ausgegangen:

- EDV-unterstützte Ausgabe nur bei Feinterminie-
  rung mit EDV.
- Bei Terminierung mit EDV auch EDV-unterstützte
  Belegerstellung.
- Keine rein zentrale Dispositionskompetenz bei
  dezentraler Belegerstellung.

Verarbeitung		Ausgabe		
Feintermi- nierung	Beleg- erstellung	EDV-Ein- satzstufe	Ebene	Systemelement "Ausgabe"
konventionell	konven- tionell	0	b;	K0
			b und c	K1
mit EDV	zentral	1	b;b und c; c	K2
		2	b ; c	K3
	mit EDV	3	b	K4
	dezen- tral	2	c ; d	K5
		3	c	K6

K0 ... K6: Kombination des Systemelements "Ausgabe" aus
Verarbeitungs- und Ausgabemöglichkeiten von
Fertigungsinformationen

Bild 18: Ableitung der Teilfunktion "Ausgabe" aus den
Verarbeitungsaufgaben

In Bild 19 sind die verträglichen K o m b i n a t i o n e n
d e r   S y s t e m e l e m e n t e   z u r   A u s g a b e (K0
bis K6) mit den   r e s t l i c h e n   T e i l f u n k t i o -
n e n   der Systemmodelle 1.1 bis 9.3 enthalten. Bei der Festlegung dieser Verträglichkeiten wurden ebenfalls die vier bereits genannten Verträglichkeitsbedingungen zugrunde gelegt.

Die bedingte Verträglichkeit der Kombinationen K1 ist nur bei
einer manuellen Terminierung gegeben. Für On-line-Systemmodelle
sollten die Kombinationen K2 nur dann gewählt werden, wenn geringe zeitliche Anforderungen an das System bestehen oder wenn
eine On-line-Ausgabe aus technischen oder wirtschaftlichen
Gründen nicht verwirklicht werden kann.

Im folgenden wird die   V e r t r ä g l i c h k e i t   d e r
S y s t e m m o d e l l e   m i t   u n d   o h n e   M a s c h i -
n e n d a t e n e r f a s s u n g   untersucht. Bei einer aus-
reichenden Verträglichkeit von Systemmodellen mit und ohne Maschinendatenerfassung bietet sich die Integration oder eine
Kombination beider Modelle an. Voraussetzungen hierzu sind:

- gleiche EDV-Einsatzstufen der einzelnen Teilfunktionen

- Erfassung in der Werkstattführungs- oder
Prozeßebene

- möglichst gleiche Systemebene der Vorverarbeitung
- Möglichkeit der Verarbeitung organisatorischer
  und technischer Daten auf demselben Rechnersystem.

System-modell	Ausgabe						
	K 0	K 1	K 2	K 3	K 4	K 5	K 6
1.1	●						
1.2	●						
2.1		○	●				
2.2		○	●				
3.1		○	●				
3.2		○	●				
4.1		○	●				
5.1		○	●				
5.2		○	●				
5.3		○	●	●			
5.4		○	●	●			
6.1		○	●				
6.2		○	●				
6.3		○	●	●			
6.4		○	●	●			
7.1			○	●			
7.2					●		
8.1			○	●		●	
8.2			○	●		●	
8.3					●		●
9.1			○	●		●	
9.2			○	●		●	
9.3					●		●

● verträglich 　　　 ○ bedingt verträglich

K0 ... K6: Systemelemente der Teilfunktion "Ausgabe"

Bild 19: Verträglichkeit der Teilfunktion "Ausgabe" mit den
Systemmodellen

In der Matrix von Bild 20 sind die kombinierbaren Systemmodelle
enthalten. Sie sind nach dem zunehmenden Automatisierungsgrad
entsprechend der ansteigenden Numerierung geordnet.

Die Punkte kennzeichnen die Systemmodelle, die in ihrem Automatisierungsgrad übereinstimmen (z.B. Systemmodell 6.4 und 10.3).
Aufgrund der gleichen Struktur dieser Systemmodelle können mit
beiden Modellen die gleichen Anforderungen an den organisatorischen Informationsfluß erfüllt werden. Die durch Kreise ge-
kennzeichneten Systemmodelle erfüllen die Verträglichkeitsbedingungen annähernd, sind aber höher bzw. niedriger automati-

siert. Systemmodelle mit keiner oder nur geringer Verträglichkeit sind in der Tabelle nicht markiert. Hier wäre entweder
eine Anpassung nur mit erheblichem Aufwand durchzuführen, oder
es ist eine "Insellösung" für die Maschinendatenerfassung vor-
zuziehen. Letzteres betrifft hauptsächlich die Systemmodelle
10.0 und 10.6.

	Systemmodelle mit Maschinendatenerfassung						
	10.0	10.1	10.2	10.3	10.4	10.5	10.6
0.1	●						
1.1	●						
2.1		●	○	○			
2.2		●	○	○			
3.1		●	○	○			
3.2		●	○	○			
4.1		●	○	○			
5.1		○	●	○			
5.2		○	●	●			
5.3		○	○	○	○	●	
5.4		○	○	●			
6.1		○	●	○			
6.2		○	●	●			
6.3		○	○	○	○	●	
6.4		○	○	●			
7.1					○	○	
7.2					○	○	○
8.1					●	○	
8.2					○	●	
8.3						○	●
9.1					●	○	
9.2					○	●	
9.3						○	●

(Zeilenbeschriftung links: Systemmodelle ohne Maschinendatenerfassung)

● kombinierbare Systemmodelle

○ bedingt kombinierbare Systemmodelle

Bild 20: Verträglichkeit der Systemmodelle mit und ohne
Maschinendatenerfassung

Eine Ü b e r s i c h t über d i e A u t o m a t i s i e -
r u n g u n d D e z e n t r a l i s i e r u n g d e r e i n -
z e l n e n S y s t e m m o d e l l e zeigt Bild 21.

Der Automatisierungsgrad berücksichtigt:

- die EDV-Einsatzstufen in den einzelnen Teilfunktionen
  Erfassung, Vorverarbeitung, Verarbeitung und Ausgabe
  (Aussage über die Art der Datenübertragung und der
  Verarbeitung),

- den möglichen Umfang des EDV-Einsatzes in den Teilfunktionen (z.B. für formale oder logische Kontrollen
  erfaßter Daten) und

- die Möglichkeit des Aufbaus von Rechnerhierarchien.

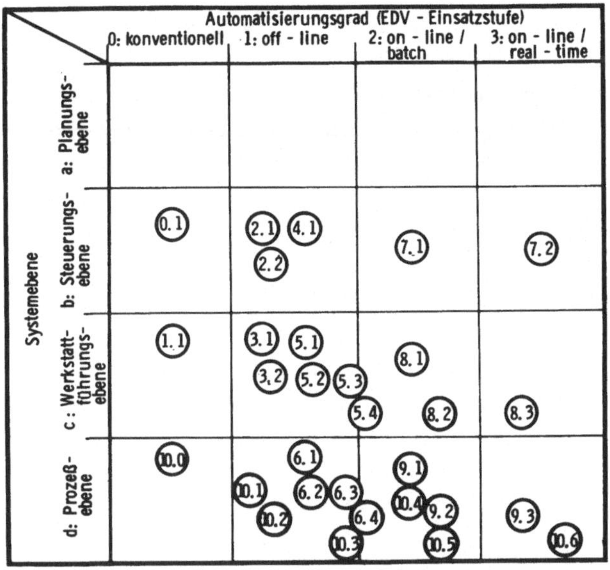

Bild 21: Automatisierungs- und Dezentralisierungsgrad der Systemmodelle zur kurzfristigen Fertigungssteuerung

Der angegebene Dezentralisierungsgrad enthält neben den Systemebenen der einzelnen Teilfunktionen auch den möglichen Aufga-
benumfang des dezentralen EDV-Einsatzes. So hat z.B. ein Systemmodell mit einer möglichen Formatkontrolle und einfachen Re-
chenoperationen in der Erfassung einen höheren Dezentralisierungsgrad als ein gleichartiges Systemmodell, das lediglich über
eine Datenspeicherung in der Erfassung verfügt. Da sich die Systemmodelle aus 4 Teilfunktionen mit verschiedenen EDV-Einsatzstufen und Systemebenen zusammensetzen können, ist die Zuordnung eines Systemmodelles zu nur einer EDV-Einsatzstufe und
Systemebene nicht immer möglich.

Die Anordnung der Systemmodelle aufgrund ihres Automatisierungs-
und Dezentralisierungsgrades in Bild 21 wird am Beispiel des Sy-

stemmodells 5.4 erläutert. Dieses Systemmodell ist im Vergleich
zu den Modellen 5.3 und 6.3 höher automatisiert. Der Grund ist
in der On-line-Verbindung zwischen Erfassung und Vorverarbeitung, die einen Zugriff zu dem Rechner in der Steuerungsebene
ermöglicht, zu suchen. Die Systemmodelle 5.4 und 6.4 entsprechen sich im Automatisierungsgrad, während die Modelle 7.1, 8.1
und 9.1 durch ihre zusätzliche On-line-Verbindung zur Verarbeitung höher automatisiert sind. Aufgrund der unterschiedlichen
Übertragungsarten zwischen den 4 Teilfunktionen (on-line zwischen Erfassung und Vorverarbeitung, off-line von der Vorverarbeitung zur Verarbeitung und evtl. on-line von der Verarbeitung bzw. Vorverarbeitung zur Ausgabe) ist das Systemmodell 5.4
im Grenzbereich der Automatisierungsstufen 1 und 2 angeordnet.
Nach dem Dezentralisierungsgrad ist das Systemmodell 5.4, entsprechend seinen Teilfunktionen Erfassung und Ausgabe, der
Werkstattführungsebene zugeordnet. Gegenüber dem Systemmodell
5.3 mit den gleichen Systemebenen kann im Systemmodell 5.4 mehr
EDV-Unterstützung dezentralisiert werden, so daß die Möglichkeit der dezentralen Ausgabe von Belegen und der EDV-unterstützten Disposition in der Werkstattführungsebene besteht. Aus dem
Vergleich der Systemmodelle 5.4 und 8.2 ergibt sich derselbe
Automatisierungsgrad. Die Modelle 6.1 und 9.1 sind infolge
ihrer Erfassung in der Prozeßebene und der enthaltenen Rechnerhierarchie noch weiter dezentralisiert als das Systemmodell 5.4.

4 HILFSMITTEL FÜR DIE BESCHREIBUNG VON ANFORDERUNGEN AN EIN SYSTEM ZUR KURZFRISTIGEN FERTIGUNGSSTEUERUNG

4.1 Externe und interne Einflußgrößen

Die Anforderungen an Informationssysteme zur kurzfristigen Fertigungssteuerung werden im Unternehmen von zahlreichen Größen beeinflußt. Diese Größen haben die Eigenschaft,

- in jedem Betrieb anders ausgeprägt zu sein,
- teilweise schwer oder nicht quantifizierbar zu sein,
- in verschiedenen betrieblichen Ebenen aufzutreten,
- stark voneinander abhängig zu sein,
- sich entweder direkt oder nur indirekt auf das Informationsgeschehen im Betrieb auszuwirken.

Um ein Verfahren zur Auswahl von anforderungsgerechten Informationssystemen für die kurzfristige Fertigungssteuerung entwickeln zu können, muß von diesen Einflußgrößen ausgegangen werden. Eine umfassende Vorgehensweise zur Typisierung von Fertigungsbetrieben aufgrund von Einflußgrößen auf die Fertigungssteuerung ist in /48/ enthalten. Neben allgemeinen, betriebstypischen Einflußgrößen sind Bestimmungsgrößen zur Festlegung des erforderlichen Automatisierungs- und Dezentralisierungsgrades in den einzelnen Teilfunktionen der kurzfristigen Fertigungssteuerung zu ermitteln. Dazu wurde ein Kriterienkatalog erstellt, der wie folgt gegliedert ist:

1. Allgemeine Einflußgrößen
2. Kriterien zur Erfassung des Ist-Zustandes
3. Bestimmungsgrößen zur Festlegung der Teilfunktion "Erfassung"
4. Bestimmungsgrößen zur Festlegung der Teilfunktionen "Vorverarbeitung und Verarbeitung"
5. Bestimmungsgrößen zur Festlegung der Teilfunktion "Ausgabe"
6. Bestimmungsgrößen zur Maschinendatenerfassung.

Der vollständige Kriterienkatalog ist im Anhang 1 enthalten. Er umfaßt alle Größen, die zur Auswahl eines geeigneten Systemmodells für die kurzfristige Fertigungssteuerung notwendig sind. Die Festlegung der einzelnen Kriterien wurde zielorientiert im Hinblick auf das in Kapitel 6 beschriebene EDV-unterstützte Auswahlverfahren vorgenommen. Als Ausgangsbasis zur Erstellung des Kriterienkataloges dienten Anwenderbefragungen mit Hilfe vorbereiteter Checklisten /49/. Der Kriterienkatalog

enthält die im Rahmen eines Anwendungsbeispiels erhobenen betriebsspezifischen Angaben (siehe Kap. 5 und 6).

4.2 Bestimmungsgrößen von Informationsflüssen

Für die Lösung einer Aufgabe sind Informationen erforderlich.
Bereits die Absicht der Aufgabenlösung schafft einen I n f o r -
m a t i o n s b e d a r f , also Voraussetzungen informeller
Art, die bei der Lösung dieser Aufgabe erfüllt sein müssen
(Bild 22). Auf die neben den Informationen zur Lösung einer
Aufgabe notwendigen methodischen und gerätetechnischen Hilfsmittel wird an dieser Stelle nicht näher eingegangen, da hier
die informationsbezogene Betrachtungsweise im Vordergrund
steht.

Das Ergebnis der Aufgabenlösung schlägt sich in einem I n -
f o r m a t i o n s a n f a l l nieder, gleichgültig, ob die
Aufgabe vollständig oder nur teilweise, richtig oder falsch
gelöst wurde.

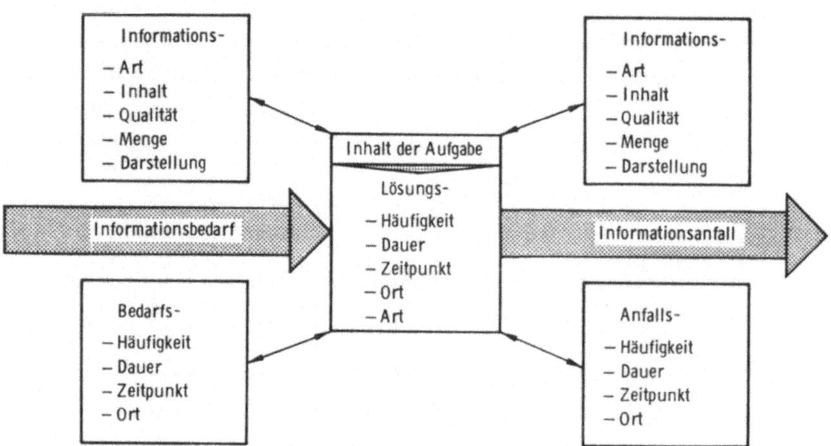

Bild 22: Informationsbedarf und -anfall bei einer Aufgaben-
        lösung

Es kann davon ausgegangen werden, daß dem Bearbeiter einer Aufgabe bereits Informationen zur Verfügung stehen (Wissen, Er-
fahrung, Tabellen usw.). In Einzelfällen mag dieser "Informa-

tionsvorrat" für die Aufgabenlösung ausreichend sein, in der
betrieblichen Praxis herrscht aber die Notwendigkeit vor, dem
Bearbeiter einer Aufgabe Informationen zeitlich, örtlich men-
genmäßig und inhaltlich "gezielt" zur Verfügung zu stellen.

Eine Beschreibung des Informationsbedarfs und -anfalls erfordert - abgeleitet aus dem Inhalt dieser Begriffe - Aussagen
über die Information selbst, sowie Größen, die eine Festlegung
ihres Bedarfs und ihres Anfalls ermöglichen. In Bild 22 sind
diesen Begriffen geeignete Bestimmungsgrößen zugeordnet. Der
Inhalt einer Aufgabe beeinflußt

   - Häufigkeit, Dauer, Zeitpunkt, Ort und Art

ihrer Lösung. Dadurch werden Häufigkeit, Dauer, Zeitpunkt, Ort
und Art des mit der Aufgabenlösung verbundenen Informationsbedarfs und -anfalls festgelegt. Eine Informationsdarstellung
hängt neben der Ausprägung dieser Bestimmungsgrößen weiter vom
Inhalt, der geforderten Qualität und der Menge der Information
ab.

Betrachtet man mehrere Aufgaben gleichzeitig (Bild 23), so kommen folgende Größen hinzu:

   - Richtung und Verknüpfung der Informationsflüsse
   - Anzahl der Datenquellen und -senken
   - Benötigte/anfallende Datenmenge je Datensenke/
     Datenquelle und Zeiteinheit.

Der Austausch von Informationen zwischen verschiedenen Aufgaben
kann entweder konventionell (z.B. auf Belegen) oder mit Hilfe
von EDV-Systemen (z.B. durch Zugriff auf bestimmte Dateien) geschehen. Die beschriebenen Bestimmungsgrößen für Informationsflüsse lassen sich entsprechend Tabelle 1 in

   - zeitliche,
   - örtliche,
   - mengenmäßige und
   - inhaltliche Größen

gliedern.

Diese Bestimmungsgrößen können bei Bedarf weiter untergliedert
und mit Bewertungsskalen zu ihrer betriebsspezifischen Quantifizierung versehen werden.

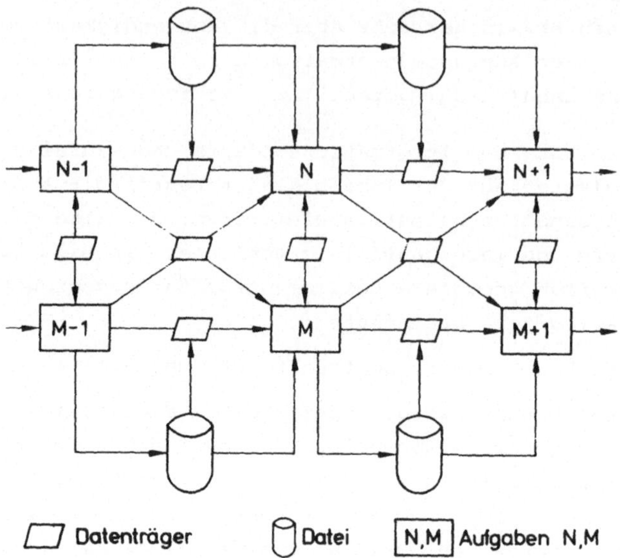

Bild 23: Prinzipielle Möglichkeiten des Informationsaustausches
zwischen verschiedenen Aufgaben

Die Bestimmungsgrößen sind Voraussetzung für die in Kapitel 4.4
beschriebene betriebsspezifische Ermittlung des Informationsbedarfs und -anfalls in der Fertigung. Eine Ermittlung des Informationsbedarfs und -anfalls ist ihrerseits die Grundlage zur
anforderungsgerechten Auswahl von Informationssystemen für die
kurzfristige Fertigungssteuerung in Abhängigkeit von betrieblichen Einflußgrößen. Diese bereits in Kapitel 4.1 beschriebenen
Einflußgrößen haben jedoch nicht nur direkte Auswirkungen auf
das Informationssystem und seine Bestimmungsgrößen, sondern
auch auf die mit Hilfe des Informationssystems zu lösenden Aufgaben. Im nächsten Kapitel werden daher die Aufgaben des Unter-
suchungsgebietes näher betrachtet.

<u>Zeitliche Bestimmungsgrößen</u>

Z 1: Häufigkeit des Informationsbedarfs
Z 2: Häufigkeit des Informationsanfalls
Z 3: Dauer des Informationsbedarfs
Z 4: Dauer des Informationsanfalls
Z 5: Zeitpunkt des Informationsbedarfs
Z 6: Zeitpunkt des Informationsanfalls

<u>Örtliche Bestimmungsgrößen</u>

O 1: Ort des Informationsbedarfs (Senke)
O 2: Ort des Informationsanfalls (Quelle)
O 3: Richtung des Informationsflusses
O 4: Verknüpfung der Informationsflüsse

<u>Mengenmäßige Bestimmungsgrößen</u>

M 1: Anzahl der Datensenken
M 2: Anzahl der Datenquellen
M 3: Benötigte Datenmenge je Datensenke und Zeiteinheit
M 4: Anfallende Datenmenge je Datenquelle und Zeiteinheit

<u>Inhaltliche Bestimmungsgrößen</u>

I 1: Art der Information
I 2: Inhalt der Information
I 3: Qualität der Information
I 4: Darstellung der Information

Tabelle 1: Bestimmungsgrößen für Informationsflüsse

4.3   <u>Aufgaben zur Planung, Steuerung und Durchführung
       der Fertigung und ihre Verknüpfung durch Informa-
       tionsflüsse</u>

Zur Beschreibung des Informationsgeschehens im Untersuchungsbereich wird von den dort zu lösenden Aufgaben ausgegangen.
Eine aufgabenbezogene Betrachtungsweise bietet sich deshalb an,
weil diese Aufgaben inhaltlich in den meisten Fertigungsbetrieben, wenn auch in unterschiedlicher Reihenfolge und Häufigkeit,
vorkommen.

Eine logische Verknüpfung der Aufgaben läßt sich durch die zu
ihrer Lösung erforderlichen und die bei ihrer Lösung anfallenden Informationen darstellen. Für die Untersuchung dieser Informationsbeziehungen in verschiedenen Feinheitsgraden ist eine

hierarchische Strukturierung der anfallenden Aufgaben erforderlich. Dazu wird in Anlehnung an /17/ jedes der Aufgabengebiete

- Bestell- und Lagerwesen (B),
- Fertigungsplanung (P),
- Fertigungssteuerung (S) und
- Fertigung (F)

entsprechend Bild 24 gegliedert.

Die einzelnen Aufgabengruppen und Aufgaben dieser Aufgabengebiete sind im Anhang 2.1 (Tabelle A 1 bis A 4) enthalten.

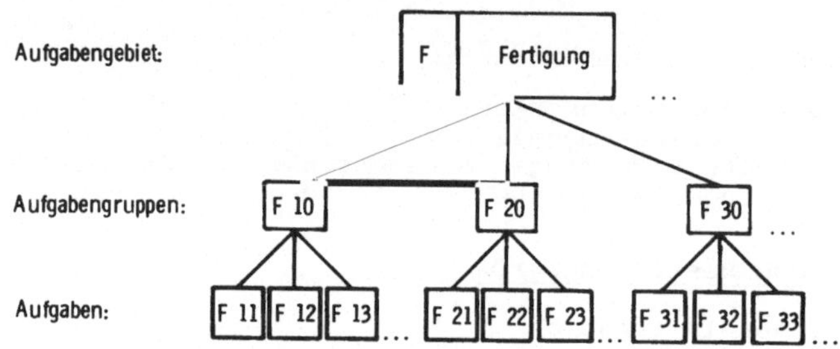

Bild 24: Untergliederung der Aufgabengebiete von
Unternehmen /nach 17/

Um Aussagen über den Informationsbedarf und -anfall im Untersu-
chungsgebiet zu bekommen, sind neben den Aufgaben in der Fertigung die Aufgabengebiete der Fertigungssteuerung, der Fertigungsplanung und des Bestell- und Lagerwesens zu untersuchen. Dazu
müssen vorab die bestehenden internen Verknüpfungen zwischen
diesen Aufgaben der Produktionsplanung und -steuerung ermittelt
werden.

Zwischen den Aufgabengebieten, Aufgabengruppen und Aufgaben der
Produktionsplanung und -steuerung lassen sich folgende grundsätzliche Beziehungen feststellen (Bild 25):

- Informationsflüsse zwischen <u>Aufgabengruppen</u>
    - innerhalb eines Aufgabengebietes (If_a),
    - verschiedener Aufgabengebiete (If_b),

- Informationsflüsse zwischen <u>Aufgaben</u>
    - innerhalb einer Aufgabengruppe (If_c),
    - verschiedener Aufgabengruppen (If_d),
    - verschiedener Aufgabengebiete (If_e).

Die statische Darstellung der Informationsbeziehungen geschieht auf der Basis von /17/. Diese qualitativen Verbindungen sind die Grundlage für eine spätere Formulierung des Soll-Zustandes im Informationssystem als Voraussetzung für die Auswahl eines Systemmodells zur kurzfristigen Fertigungssteuerung.

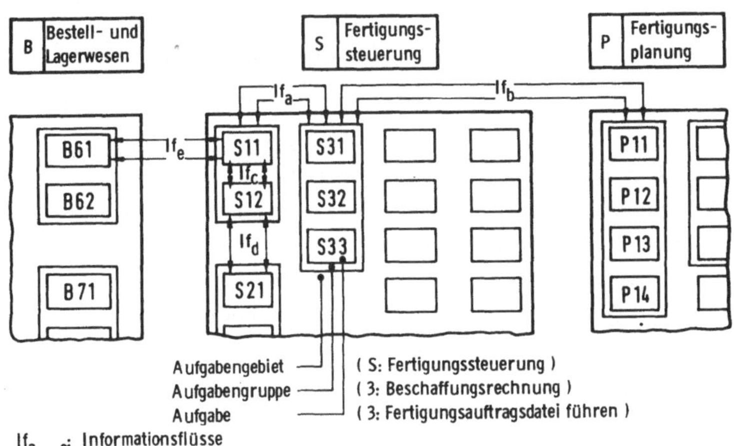

Bild 25: Mögliche Informationsbeziehungen in der
Produktionsplanung und -steuerung

Die Informationsbeziehungen innerhalb der Produktionsplanung und -steuerung lassen sich durch sechs Matrizen beschreiben (siehe Anhang 2.3):

1. Bestell- und Lagerwesen intern
2. Fertigungsplanung intern
3. Fertigungssteuerung intern
4. Bestell- und Lagerwesen - Fertigungsplanung
5. Fertigungsplanung - Fertigungssteuerung
6. Bestell- und Lagerwesen - Fertigungssteuerung.

Diese Matrizen enthalten alle der in Bild 25 gezeigten Arten informeller Beziehungen und erlauben entsprechend der jeweili-

gen Zielsetzung eine Auswahl von Aufgabengruppen oder von einzelnen Aufgaben, die miteinander in Verbindung stehen. Die Verknüpfungen von Aufgabengruppen sind in den Matrizen durch Einrahmung
der Beziehungsfelder gekennzeichnet. Beziehungen zwischen einzelnen Aufgaben sind durch Pfeile angedeutet. Diese Matrizen sind
als Beispiele aufzufassen, die im betrieblichen Einzelfall überprüft und gegebenenfalls korrigiert werden müssen.

Mit Hilfe der in den Matrizen übersichtlich darstellbaren Aufgabenverknüpfungen lassen sich neben Aufgabenschwerpunkten und
Hauptinformationsflüssen die erforderlichen Hilfsmittel zur Aufgabenlösung (wie Belege und Dateien) zuordnen. Dabei werden
entsprechend dem Bestreben, Belegflüsse zu reduzieren, die zur
Lösung der Aufgaben notwendigen Dateien und Dateizugriffe in
den Vordergrund der Betrachtung gestellt.

Zur Lösung der verschiedenen Aufgaben sind insgesamt die in Tabelle A 5 (Anhang 2.2) aufgeführten Dateien der Produktionsplanung und -steuerung erforderlich /17/. Durch die Untersuchung
der Verknüpfung dieser 25 Dateien mit den einzelnen Aufgaben
besteht die Möglichkeit, Aufgaben einerseits oder Dateien an-
dererseits entsprechend ihrer Abhängigkeiten zusammenzufassen
und einander in geeigneten Ebenen zuzuordnen.

In Tabelle A 7 (Anhang 2.2) sind die Verknüpfungen der Aufgaben
des Bestell- und Lagerwesens (B), der Fertigungsplanung (P) und
der Fertigungssteuerung (S) mit den Dateien der Produktionsplanung und -steuerung aufgeführt, wie sie aus /17/ zu entnehmen
sind. Die Numerierung der Dateien entspricht ihrer Aufzählung
in Tabelle A 5 (Anhang 2.2). Mit Tabelle A 7 läßt sich einmal -
von links nach rechts - ermitteln, welche Dateien zur Lösung
einer bestimmten Aufgabe notwendig sind und zum anderen - von
oben nach unten - , welche unterschiedlichen Aufgaben mit einer
bestimmten Datei verknüpft sind. Weiter enthält die Tabelle die
erforderlichen Z u g r i f f s a r t e n auf die einzelnen
Dateien. Es wird ein a k t i v e r D a t e i z u g r i f f
(z.B. bei einer Datenänderung) und ein p a s s i v e r D a -
t e i z u g r i f f (z.B. bei einer Datenabfrage) unterschieden. Diese Tabelle dient einer informationsflußgerechten Zu-

ordnung von Aufgaben untereinander, von Dateien zu Aufgaben bzw.
von Aufgaben zu Dateien (vgl. Kap. 5.2.2).

Faßt man alle bisher beschriebenen Abhängigkeiten zusammen, so
ergibt sich die in Bild 26 dargestellte Situation. Die in Kapitel 4.3 entwickelten grundsätzlichen Aufgabenverknüpfungen werden beeinflußt von den Bestimmungsgrößen der Informationsflüsse
(Kap. 4.2), die ihrerseits durch die betrieblichen Einflußgrößen (Kap. 4.1) geprägt sind.

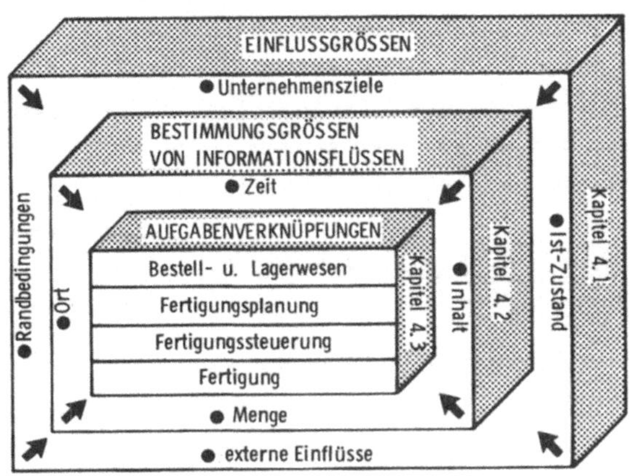

Bild 26: Beeinflussung der Informationsstruktur im Untersuchungsbereich durch qualitative und quantitative Größen

Als Beispiel sei die Aufgabenverknüpfung zwischen Fertigungssteuerung und Fertigung in Form einer Auftragszuteilung angeführt. Die Verknüpfung der Aufgaben S 72 (Arbeitsverteilung)
und F 81 (Auftragsanforderung) läßt sich durch

- zeitliche (z.B. Häufigkeit),
- örtliche (z.B. Ort des Bedarfs),
- mengenmäßige (z.B. Anzahl der Datensätze) und
- inhaltliche (z.B. Datenart)

Bestimmungsgrößen von Informationsflüssen beschreiben.
Die Ausprägung dieser Bestimmungsgrößen ist abhängig von Einflußgrößen, die unter den Oberbegriffen

- externe Einflüsse (z.B. kurzfristige Änderungswünsche
  von Kunden),
- Unternehmensziele (z.B. Minimierung der Durchlaufzeiten),
- Ist-Zustand (z.B. Anzahl der Beschäftigten in der Pro-
  duktion),
- Randbedingungen (z.B. vorhandene EDV-Ausstattung)

zusammenzufassen sind.

Für die Untersuchung dieser Beziehungen wird in Kapitel 5 eine
systematische Vorgehensweise entwickelt. Mit Hilfe dieser Systematik lassen sich diejenigen Eingangsgrößen ermitteln, die
für eine EDV-unterstützte Auswahl von Informationssystemen zur
kurzfristigen Fertigungssteuerung erforderlich sind.
Nach der Diskussion von - bezogen auf die kurzfristige Fertigungssteuerung - übergeordneten Informationsbeziehungen der
Produktionsplanung und -steuerung werden im folgenden die unter-
geordneten Informationsbeziehungen der Fertigung betrachtet.

4.4 Vorgehensweise zur Ermittlung des organisationstypischen Informationsbedarfs und -anfalls in der Fertigung

Die zeitlichen, örtlichen, mengenmäßigen und inhaltlichen Bestimmungsgrößen für Informationsflüsse im Bereich der kurzfristigen Fertigungssteuerung werden in erster Linie von Zeitpunkt,
Ort, Menge und Inhalt des I n f o r m a t i o n s b e d a r f s
und - a n f a l l s i n d e r F e r t i g u n g beeinflußt.
Deshalb wird im folgenden eine Vorgehensweise entwickelt, die
es erlaubt, diesen Informationsbedarf bzw. -anfall möglichst
exakt zu ermitteln. Die analytische Vorgehensweise ist praxis-
orientiert aufgebaut und geht vom spezifischen Informationsbedarf und -anfall einzelner Aufgaben aus (vgl. Bild 22). Sie ist
im Prinzip auf andere betriebliche Bereiche oder andere Informationssysteme übertragbar, wird jedoch im folgenden am Beispiel
der Fertigung entwickelt. Eine grundlegende, theoretisch orien-
tierte Abhandlung zur Ermittlung des Informationsbedarfs ist in
/50/ zu finden.

Der Informationsbedarf und -anfall in der Fertigung ist in jedem
Betrieb unterschiedlich. Um der Vorgehensweise für ein möglichst
breites Spektrum von Betrieben Gültigkeit zu verschaffen, muß
sie dem Anwendungsfall anpaßbar sein. Eine Anpaßbarkeit ist

durch die Ausrichtung der Vorgehensweise auf die betriebliche
Kenngröße "Organisationstyp" (z.B. Werkstattfertigung) gewährleistet. Diese Kenngröße eignet sich deshalb als Grundlage zur
Untersuchung des Informationsgeschehens in der Fertigung, weil
damit eine detaillierte Abgrenzung des jeweils unterschiedlichen Informationsbedarfs und -anfalls möglich wird. Dazu sind
z.B. die Kenngrößen "Auftragstyp" (kunden- oder lagerorientierte Fertigung) oder "Fertigungstyp" (Einzel-, Serien- oder Massenfertigung) wegen ihrer geringeren Aussagekraft bezüglich des
betriebsspezifischen Informationsgeschehens weniger gut geeignet. Es werden folgende Organisationstypen unterschieden: Bau-
stellen-, Werkstatt-, Gruppen-, Linien-, Fließ- und Punktfertigung /51/.

In der Vorgehensweise sind räumliche Komponenten von Informationsflüssen in Form verschiedener betrieblicher Ebenen und
zeitliche Komponenten von Informationsflüssen in Form unterschiedlicher Auftragszustände berücksichtigt. Sie ist Bestandteil des in Kapitel 6 beschriebenen EDV-unterstützten Verfahrens
zur Auswahl von Informationssystemen für die kurzfristige Fertigungssteuerung.

Zur Ermittlung des Informationsbedarfs und -anfalls in der Fertigung wird von einzelnen   A u f g a b e n   ausgegangen, die
im Fertigungsbereich je nach Organisationstyp in unterschiedlicher Kombination und Häufigkeit zu lösen sind. Für das Aufgabengebiet "Fertigung" werden Aufgaben definiert, die eine qualitative und darauf aufbauend eine quantitative Abbildung des
Geschehens in der Fertigung ermöglichen (Schritt 1 in Bild 27).
Mit Hilfe dieser Aufgaben können solche Tätigkeiten in der Fertigung beschrieben werden, die einen technischen bzw. organisatorischen Informationsfluß voraussetzen oder auslösen.

Die Systematisierung der Aufgaben in der Fertigung geschieht
analog zu der in /17/ vorgenommenen Gliederung der übergeordneten Aufgabengebiete "Fertigungssteuerung", "Fertigungsplanung" sowie "Bestell- und Lagerwesen", um die bestehenden Verknüpfungen herstellen und untersuchen zu können. Tabelle A 4
(Anhang 2.1) gibt einen Überblick über diese Aufgaben im Fertigungsbereich.

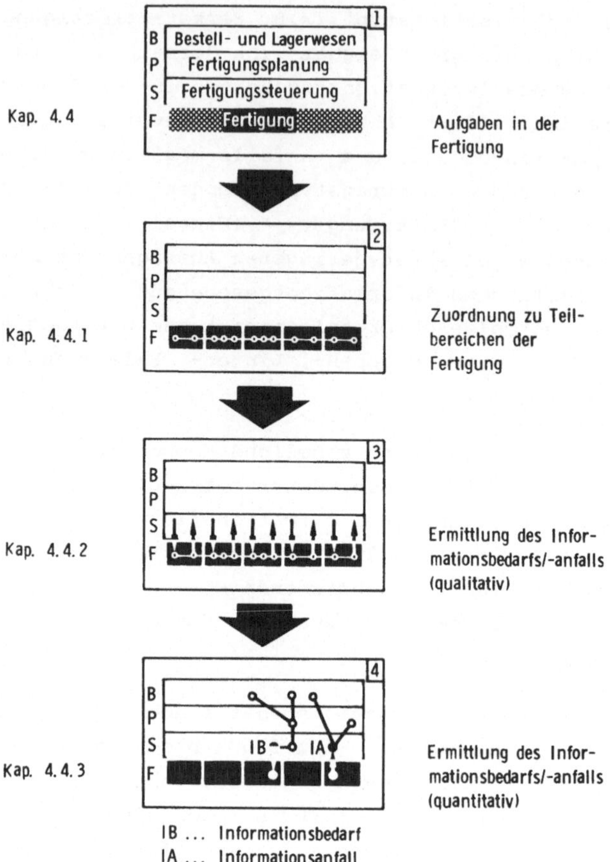

Bild 27: Schritte zur Ermittlung des quantitativen Informationsbedarfs und -anfalls in der Fertigung

4.4.1 Zuordnung von Aufgaben in der Fertigung zu Teilbereichen

Um Aussagen über die Informationsbeziehungen zwischen Aufgaben
in der Fertigung zu erhalten, müssen diese Aufgaben in eine logische Abhängigkeit zueinander gebracht werden (Schritt 2 in
Bild 27). Dies kann anhand eines betriebsneutralen Auftragsdurchlaufs durch die Fertigung geschehen, in dem alle denkba-
ren Bearbeitungsphasen des Auftrags berücksichtigt sind. Bei

einem derartigen Vorgehen ergeben sich örtliche, zeitliche und
mengenmäßige Komponenten, mit denen der Bearbeitungsstand eines
Fertigungsauftrags beschrieben werden kann. Dieses Wissen über
den Bearbeitungsstand der Fertigungsaufträge ist die Grundvor-
aussetzung für eine funktionsfähige kurzfristige Fertigungssteuerung. Nur wenn diese Voraussetzung erfüllt ist, kann die
Abwicklung von Fertigungsaufträgen sowohl den Anforderungen
der Planungsebene als auch den Gegebenheiten in der Fertigung
möglichst weitgehend angepaßt werden.

Folgende sechs Phasen eines Auftragsdurchlaufs durch die Fertigung sollen unterschieden werden:

    - Vorbereitung, Bereitstellung, Arbeitsausführung,
      Kontrolle, Transport und Lagerung.

Diese Phasen lassen einmal eine auftragsbezogene, d.h. zeitliche und zum anderen eine fertigungsbezogene, d.h. räumliche Beschreibung von Tätigkeiten in der Fertigung zu. Der erste Fall
wird im folgenden mit Hilfe von A u f t r a g s p h a s e n ,
der zweite Fall durch T e i l b e r e i c h e beschrieben.

Die Verknüpfung der in Tabelle A 4 (Anhang 2.1) aufgeführten
Aufgaben mit den sechs erwähnten Auftragsphasen zeigt Bild 28.
Durch diese Zuordnung ergeben sich Kombinationen inhaltlich
zusammenhängender Aufgaben innerhalb einer Auftragsphase.

Tabelle 2 enthält die dadurch aus den Auftragsphasen entstande-
nen Aufgabenkombinationen je Teilbereich mit den entsprechenden
Abkürzungen. Die letzten drei Phasen werden nicht weiter aufge-
teilt, weil hier im Gegensatz zu den ersten drei Phasen keine
organisationstypisch bedingten Unterschiede bestehen. Hier
entsprechen deshalb die Bezeichnungen für die Auftragsphasen
denen der zugehörigen Aufgabenkombinationen. Mit Hilfe dieser
Aufgabenkombinationen lassen sich die Fertigungsabläufe von Betrieben im Hinblick auf die Ermittlung des Informationsbedarfs
und -anfalls modular zusammenstellen. Dies gilt für alle betrieblichen Organisationstypen.

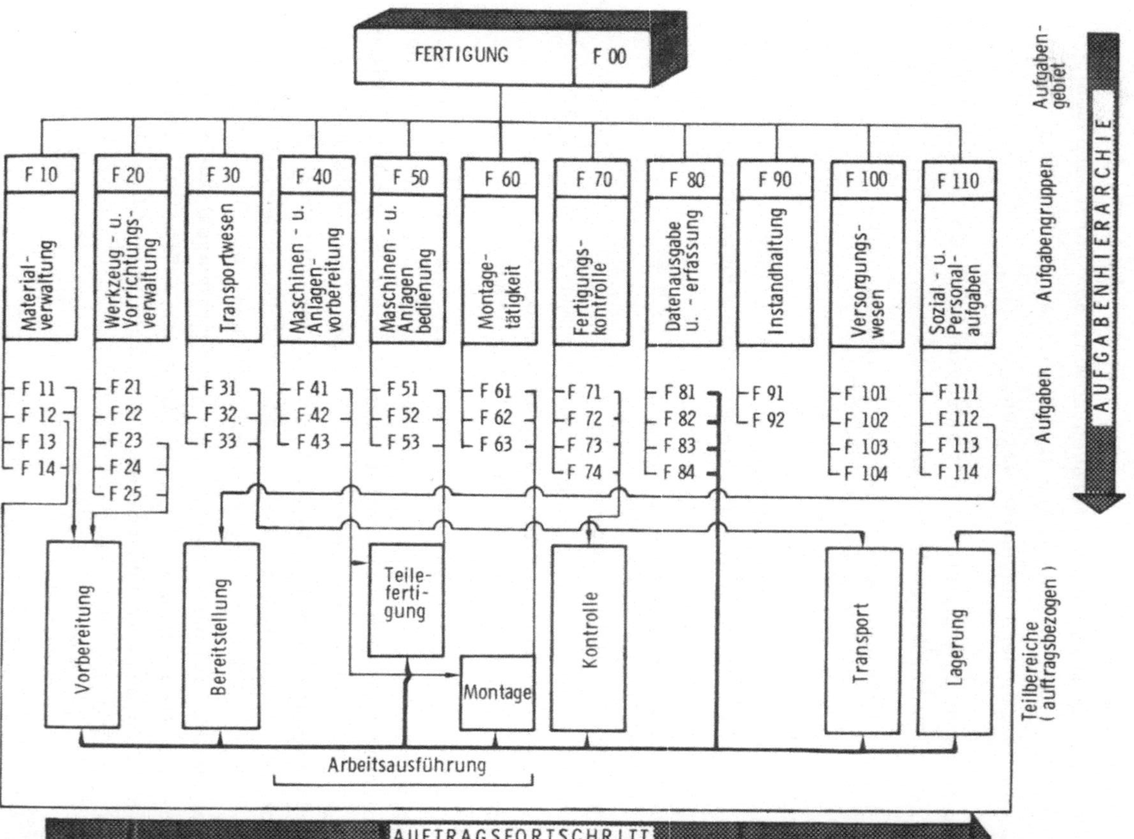

Bild 28: Verknüpfung von Auftragsdurchlauf und Aufgaben in der Fertigung

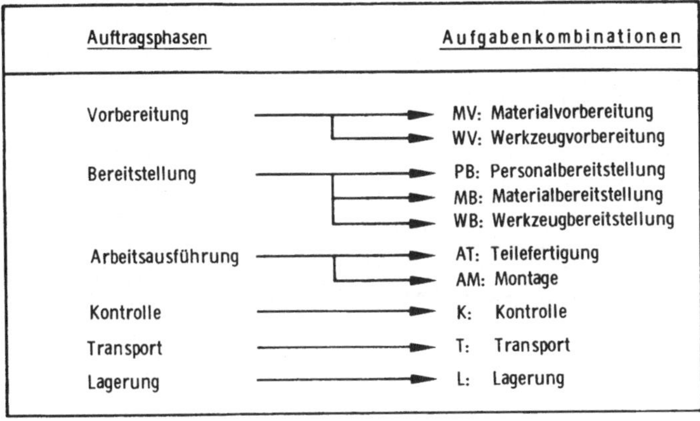

Tabelle 2: Ableitung der Aufgabenkombinationen aus den
Auftragsphasen der Fertigung

In Bild 29 sind neben den Aufgabenkombinationen der einzelnen
Teilbereiche zusätzlich die Vorgabe- und Rückmeldeinformatio-
nen schematisch dargestellt, die zwischen Fertigungssteuerung
und Fertigung ausgetauscht werden.

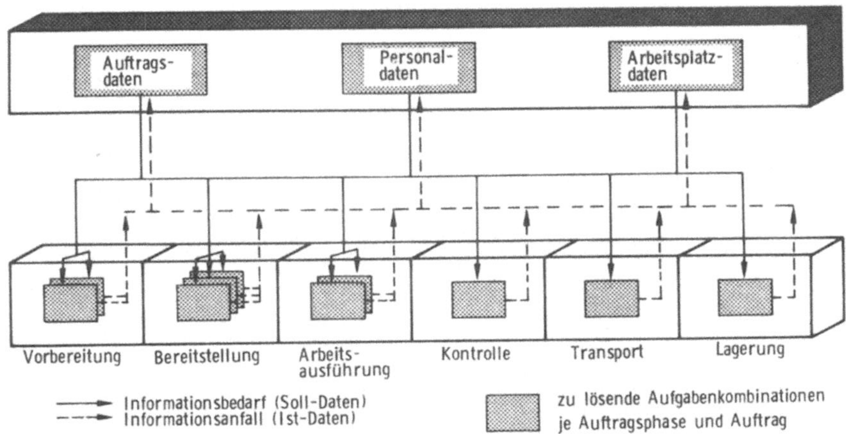

Bild 29: Phasen eines Auftragsdurchlaufs durch die
Teilbereiche der Fertigung und der dadurch
entstehende Informationsbedarf und -anfall

Man kann diese Informationen den Sammelbegriffen

- Auftragsdaten,
- Personaldaten und
- Arbeitsplatzdaten

zuordnen. Diese Grobklassifizierung geschieht aufgrund
der zunehmenden EDV-Unterstützung im Bereich der kurzfristigen
Fertigungssteuerung. Entsprechende Systeme, die in der Lage
sind, dezentral einen Auftragsvorrat zu verwalten, benötigen
dazu eine Auftrags-, Personal- und Arbeitsplatzdatei.

4.4.2 Qualitative Ermittlung des Informationsbedarfs und -anfalls

Um eine Vorgehensweise zur Quantifizierung des gesamten Informationsbedarfs und -anfalls in der Fertigung entwickeln zu können, ist es erforderlich, jede Aufgabenkombination diesbezüglich zu untersuchen (Schritt 3 in Bild 27). Dazu werden ausgehend vom Materialfluß in der Fertigung diejenigen Informationsflüsse ermittelt, die entweder diesen Materialfluß bewirken oder die durch einen Materialfluß entstehen. Beide Arten von Informationsflüssen lassen sich qualitativ durch die entsprechenden Aufgaben der beteiligten Aufgabengruppen darstellen, wie dies im letzten Kapitel bereits geschehen ist. Die dort erläuterte Phasendarstellung eines Auftragsdurchlaufs läßt sich durch die Überlegung, welche Informationen zur Lösung einer Aufgabe bzw. einer Aufgabenkombination benötigt werden, und welche Informationen bei dieser Lösung anfallen, verfeinern. Dadurch ergeben sich sogenannte I n f o r m a t i o n s b a u - s t e i n e , die über die qualitative Ermittlung des Informationsbedarfs und -anfalls hinaus die Grundlage für eine modulare Abbildung und Quantifizierung des Informationsgeschehens in der Fertigung darstellen.

Für diese Quantifizierung wird als Informationseinheit der D a t e n s a t z gewählt. Dies geschieht aus folgenden Gründen:

1. Die Wahl einer kleineren Informationseinheit (etwa Worte, Zeichen oder Bits) erscheint wegen der nicht gegebenen allgemeingültigen Beschreibbarkeit einzelner Ereignisse in diesem Detaillierungsgrad ungeeignet.

2. Ein Datensatz kann als die typische Informationsmenge bezeichnet werden, die bei einem Dialog zwischen Fertigungssteuerung und Fertigung mindestens ausgetauscht wird.

3. Der Begriff "Datensatz" läßt die systembedingte Realisierung
   offen, d.h. der Datensatz kann sowohl auf einem Beleg als
   auch auf einem Bildschirm dargestellt werden.

Der Umfang eines Datensatzes wird bestimmt durch die betriebsspezifische Art und Anzahl von Einzeldaten, aus denen er sich
zusammensetzt. Ein typischer Datensatz in der Fertigung ist die
Meldung "Arbeitsbeginn" bzw. "Arbeitsende" oder die Zuteilung
eines Arbeitsvorgangs auf eine bestimmte Maschine.

In Bild 30.1 und 30.2 sind am Beispiel des Informationsbausteins
"Arbeitsausführung Teilefertigung (AT)" die vorkommenden Datensätze den Begriffen "Soll-Daten" und "Ist-Daten" zugeordnet. Die
Gesamtheit aller Soll-Daten stellt den Informationsbedarf in der
Fertigung dar, die Menge der Ist-Daten entspricht dem Informationsanfall in diesem Bereich. Dieser Informationsbaustein enthält weiter die entsprechende materialflußbezogene Aufgabenkombination und die zugehörigen informationsflußbezogenen Aufgaben
aus Tabelle A 4 bzw. A 3 (Anhang 2.1). Die Datensätze sind im
unteren Teil der Informationsbausteine in ihre einzelnen Datenarten aufgegliedert. Diese beispielhafte Angabe des Inhalts
und der Aufeinanderfolge von Datensätzen entspricht einer möglichen Maximalausprägung der Informationsflüsse in der Fertigung. Durch eine anwenderspezifische Überarbeitung der Informationsbausteine (z.B. falls keine Meldung "Rüstbeginn" oder
"Rüstende" erfolgen soll) lassen sich die Informationsbausteine inhaltlich dem angestrebten Zustand im Betrieb anpassen.

Die gleichartig aufgebauten Informationsbausteine für die restlichen Aufgabenkombinationen von Tabelle 2 sind im Anhang 3.1
enthalten.

Betrachtet man den Informationsaustausch zwischen Fertigung
und Fertigungssteuerung, der von einem Fertigungsauftrag verursacht wird, dann läßt sich durch A n e i n a n d e r r e i -
h u n g   d e r   I n f o r m a t i o n s b a u s t e i n e   ein
allgemeiner Auftragsdurchlauf durch die Fertigung beschreiben.
Dieser Auftragsdurchlauf bildet die Grundlage zur Quantifizie-

AT	ARBEITSAUSFÜHRUNG TEILEFERTIGUNG (1: Rüsten)			
Aufgaben — Informationsfluß	S 72	F 82		F 84
Aufgaben — Materialfluß		F 41	F 42	F 43
Datensätze — Soll-Daten	Auftragszuweisung A			
Datensätze — Ist-Daten		Rüstbeginn R		Rüstende R
Datenarten	-Auftragsnummer -Maschinennummer -Rüstzeit -Vorgabezeit -Stückzahl -Termine -Arbeitsvorgangsbeschreibung -Arbeitsanweisung -Zeichnungsnummer -Teilenummer	-Auftragsnummer -Personalnummer -Zeit -Maschinennummer -Arbeitsvorgangsnummer		-Auftragsnummer -Personalnummer -Zeit -Maschinennummer

Bild 30.1: Informationsbaustein "Arbeitsausführung Teilefertigung (AT, Teil 1)"

AT	ARBEITSAUSFÜHRUNG TEILEFERTIGUNG (2: Fertigen)			
Aufgaben — Informationsfluß	F 82	F 83	F 83	F 84
Aufgaben — Materialfluß	F 51	F 52		F 53
Datensätze — Soll-Daten				
Datensätze — Ist-Daten	Arbeitsbeginn f	Unterbrechungsbeginn U	Unterbrechungsende U	Arbeitsende f
Datenarten	-Auftragsnummer -Personalnummer -Zeit -Maschinennummer -Teilenummer	-Auftragsnummer -Personalnummer -Zeit -Maschinennummer -Unterbrechungsgrund (z. B. Störung, Schichtende)	-Auftragsnummer -Personalnummer -Zeit -Maschinennummer	-Auftragsnummer -Personalnummer -Maschinennummer -Zeit -Teilenummer -Stückzahl

Bild 30.2: Informationsbaustein "Arbeitsausführung Teilefertigung (AT, Teil 2)"

rung des Informationsaustausches. Bild 31 enthält das Beispiel
eines Auftragsdurchlaufs im Organisationstyp Werkstattfertigung,
wobei jedes Rechteck einem Informationsbaustein (vgl. Anhang
3.1) entspricht.

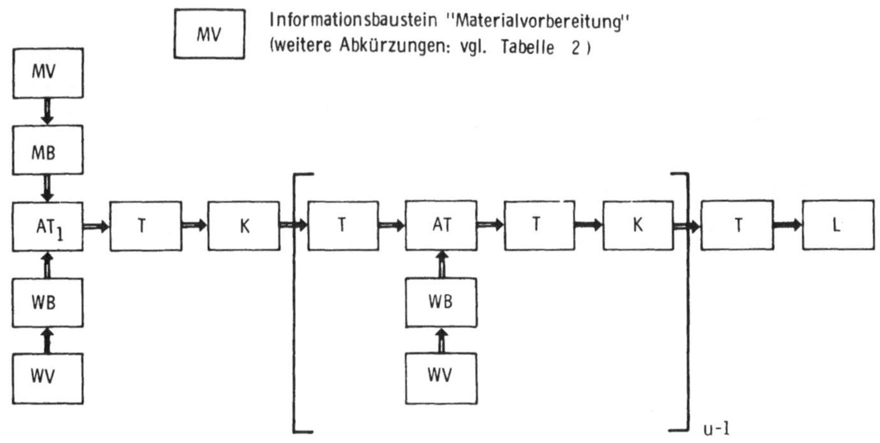

Bild 31: Beispiel eines Auftragsdurchlaufs in einer Werkstattfertigung, dargestellt mit Informationsbausteinen

Zur Angabe, ob und wie oft die einzelnen Informationsbausteine
während eines Auftragsdurchlaufs in einem bestimmten Organisationstyp auftreten, werden Parameter eingeführt. Die Eingren-
zung dieser Parameter ist aus Tabelle 3 ersichtlich. Eine end-
gültige Festlegung aller Parameter muß im betriebsspezifischen
Einzelfall vorgenommen werden. Bei dem in Bild 31 dargestellten Beispiel wird das Material an den Arbeitsplatz gebracht,
an dem der erste Arbeitsvorgang stattfindet. Dies bedeutet unter Berücksichtigung der festgelegten Informationsbausteine,
daß je einmal Material vorbereitet und bereitgestellt werden
muß ("MV" und "MB"). Ebenso muß Werkzeug zur Bearbeitung vorbereitet und bereitgestellt werden ("WV" und "WB"). Diese Komponenten gehen in den ersten Arbeitsvorgang ein. Nach dessen Ab-
schluß folgt der Transport zu einer Stelle, an der eine Zwi-

Organisationstyp \ Informationsbaustein		1 MV_a Material-vorbereitung	2 WV_e Werkzeug-vorbereitung	3 PB_p Personal-bereitstellung	4 MB_m Material-bereitstellung	5 WB_w Werkzeug-bereitstellung	6_1 AT_g Ausführung Teilefertigung	6_2 AM_h Ausführung Montage	7 K_k Kontrolle	8 T_t Transport	9 L_l Lagerung
Werkstatt-fertigung	WF	$a=1$	$e\leq w$	—	$m=1$	$w\leq u$	$g\leq u$	—	$k\leq u$	$t\leq(u+k)$	$l=1$
Gruppen-fertigung	GF	$a=1$	$e\leq w$	—	$m=1$	$w\leq u,v$	$g\leq u$	$h\leq v$	$k=1$	$t=2$	$l=1$
Baustellen-fertigung	BF	$a\leq v$	$e\leq w$	$p\leq v$	$m\leq v$	$w\leq v$	—	$h\leq v$	$k\leq v$	—	—
Punkt-fertigung	PF	$a=1$	$e=1$	—	$m=1$	$w=1$	$g=1$	$h=1$	$k=1$	$t=2$	$l=1$
Reihen- u. Fließfertigung	RFF	$a=1$	$e=1$	—	$m=1$	$w=1$	$g\leq u$	$h\leq v$	$k=1$	$t=2$	$l=1$

(← Beispiel: Zeile Werkstattfertigung WF)

a, e, p, m, w, g, h, k, t, l: Indizes zur Angabe der organisationstypischen Häufigkeit des Auftretens einzelner Informationsbausteine während eines Auftragsdurchlaufs durch die Fertigung

u: Anzahl der Arbeitsvorgänge je Auftrag in der Teilefertigung
v: Anzahl der Arbeitsvorgänge je Auftrag in der Montage

Tabelle 3: Vom Organisationstyp abhängige Parameter der Informationsbausteine

schenkontrolle stattfindet ("T" und "K"). Der nächste Arbeitsvorgang beginnt nach dem Transport zum zweiten Arbeitsplatz. Hier wird im Gegensatz zum ersten Arbeitsvorgang kein zusätzliches Material benötigt, also entfallen die Bausteine "Materialvorbereitung und -bereitstellung". Allerdings muß ebenfalls Werkzeug vorbereitet und bereitgestellt werden, daher sind die zugehörigen Informationsbausteine an dieser Stelle erforderlich. Nach Beendigung dieses Vorgangs schließt sich wieder eine Transportfunktion an, durch die das bearbeitete Material zur Kontrolle gebracht wird. Dieser Durchlauf wiederholt sich entsprechend der Anzahl u von Arbeitsvorgängen (u - 1)-mal. Abschließend findet eine Endkontrolle statt, danach wird das fertige Zwischenprodukt ins Lager transportiert ("T") und eingelagert ("L").

Für die anderen Organisationstypen läßt sich ein Auftragsdurchlauf durch die Fertigung mit Hilfe von Informationsbausteinen in gleicher Weise darstellen. Die entsprechenden Bilder sind im Anhang 3.2 enthalten. Durch die beliebige Kombinierbarkeit der Informationsbausteine ist die Anpassungsmöglichkeit auch bei Auftragsdurchläufen gegeben, die von den hier gezeigten organisationstypischen Beispielen abweichen.

4.4.3 Quantitative Ermittlung des Informationsbedarfs und -anfalls

4.4.3.1 Informationsbedarf und -anfall in einzelnen Teilbereichen der Fertigung

Um das Informationsgeschehen in der Fertigung in verschiedenen Ebenen beschreiben zu können, wird entsprechend den möglichen Orten des Informationsbedarfs und -anfalls eine U n t e r - g l i e d e r u n g   d e r   P r o z e ß e b e n e vorgenommen (Bild 32). Es wird der Informationsbedarf und -anfall in drei T e i l e b e n e n unterschieden:

- I.   an einer Arbeitsplatz- bzw. Maschinengruppe,
- II. an einem Einzelarbeitsplatz,
- III. im Prozeßablauf selbst.

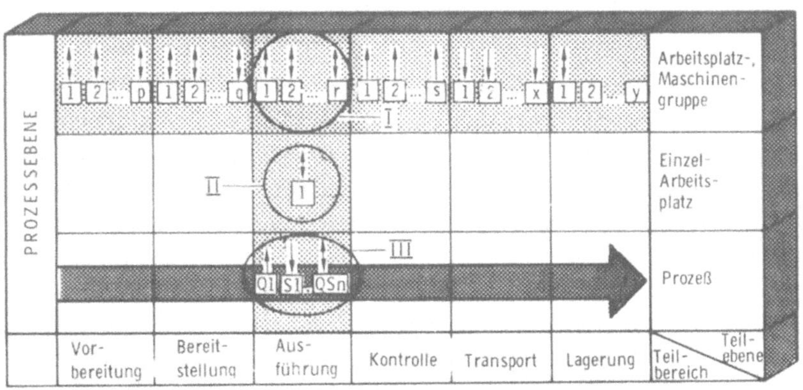

Bild 32: Gliederung der Prozeßebene in Teilbereiche und Teilebenen

Diese Darstellung dient zur Quantifizierung des Informationsaustausches, wobei berücksichtigt ist, daß in jedem Teilbereich und in jeder Teilebene zahlreiche Datenquellen und -senken vorhanden sein können. Um eine Aussage über den quantitativen Informationsaustausch zu ermöglichen, muß eine Festlegung über den Zusammenhang zwischen der Anzahl von Aufträgen und der Anzahl von Datenquellen und -senken getroffen werden. Dabei wird davon ausgegangen, daß mit der Bearbeitung eines Auftrages in der Regel eine K a p a z i t ä t s e i n h e i t gebunden ist. Eine solche Einheit können eine oder mehrere Personen sein, die den Auftrag an einer oder mehreren Maschinen bearbeiten. Dieser Annahme liegt die Voraussetzung zugrunde, daß für einen Auftrag in einem beliebigen Teilbereich der Fertigung nur dann ein I n f o r m a t i o n s b e d a r f entsteht, wenn dieser Auftrag vorbereitet, bereitgestellt, bearbeitet usw. werden soll. Ebenso entsteht ein I n f o r m a t i o n s a n f a l l in der Fertigung während oder nach der Vorbereitung, Bereitstellung, Bearbeitung usw. eines Auftrages.

Nachdem die Voraussetzungen für eine auftrags- und ortsbezogene Beschreibung des Informationsbedarfs und -anfalls geschaffen sind, läßt sich, wie im folgenden gezeigt wird, eine Quantifizierung durchführen (<u>Schritt 4 in Bild 27</u>).

Zur Quantifizierung des Informationsbedarfs und -anfalls in einem Teilbereich der Fertigung wird der Teilbereich "Ausführung Teilefertigung" betrachtet. Dazu ist das Beispiel des diesen Teilbereich beschreibenden Informationsbausteins ("AT") (Bild 30.1 und 30.2) heranzuziehen. Der Inhalt dieses Informationsbausteins gibt Auskunft darüber, welche Informationen für die Vorbereitung bzw. Durchführung eines Arbeitsvorgangs in der Teilefertigung benötigt werden und welche Informationen dabei anfallen. Die entsprechenden Datensätze sind in den Bildern 30.1 und 30.2 enthalten.

Aus jedem Informationsbaustein lassen sich Formeln zur Ermittlung des Informationsbedarfs und -anfalls in verschiedenen Ebenen ableiten. Zuerst wird eine e i n z e l n e Q u e l l e u n d S e n k e betrachtet (<u>II in Bild 32</u>). Es werden die Datensätze des Informationsbausteins "AT" von Bild 30.1 und 30.2 aufsummiert, wobei beim Informationsbedarf die Soll-Datensätze und beim Informationsanfall die Ist-Datensätze berücksichtigt werden. Für das Beispiel "Arbeitsausführung Teilefertigung" ergeben sich folgende Gleichungen:

$$IB_{S_{AT}} = \sum DS_i = A \qquad\qquad (1)$$

$$IA_{Q_{AT}} = \sum DS_j = 2 \; (R+f+z\cdot U) \qquad (2)$$

$IB_{S_{AT}}$ - Informationsbedarf je Senke im Teilbereich "Arbeitsausführung Teilefertigung"

DS_i - benötigte Datensätze

A - Datensatz für Auftragszuweisung

$IA_{Q_{AT}}$ - Informationsanfall je Quelle im Teilbereich "Arbeitsausführung Teilefertigung"

DS_j - anfallende Datensätze

R - Datensatz für Rüsten
f - Datensatz für Fertigen
z - Anzahl der Unterbrechungen je Teilbereich
U - Datensatz für Unterbrechung

Die Größen A, R, f und U entsprechen jeweils einem inhaltlich unterschiedlichen Datensatz. Der Faktor $z \cdot U$ ist ein betriebsspezifischer Zuschlagsfaktor für die an dieser Stelle durchschnittlich auftretende Anzahl von Unterbrechungen.

Wie aus Bild 32 zu ersehen ist, werden mehrere Aufträge in der Teilefertigung in verschiedenen Kapazitätseinheiten gleichzeitig bearbeitet, wobei zu jedem Auftrag ein Informationsbaustein AT gehört (<u>I in Bild 32</u>). Man kann also den a u f t r a g s b e - z o g e n e n I n f o r m a t i o n s b e d a r f u n d -a n f a l l j e T e i l b e r e i c h folgendermaßen ermitteln:

$$IB_{TB_{AT}} = \sum_{S=1}^{r_1} IB_{S_{AT}} = r_1 \cdot A \qquad\qquad (3)$$

$$IA_{TB_{AT}} = \sum_{Q=1}^{r_1} IA_{Q_{AT}} = 2r_1 \; (R+f+z\cdot U) \quad (4)$$

$$IB_{TB_{AT}} \quad - \quad \text{Informationsbedarf im Teilbereich}$$
"Arbeitsausführung Teilefertigung"

$$IA_{TB_{AT}} \quad - \quad \text{Informationsanfall im Teilbereich}$$
"Arbeitsausführung Teilefertigung"

$$r_1 \quad - \quad \text{Anzahl der Aufträge im Teilbereich}$$
"Arbeitsausführung Teilefertigung"

Soll zusätzlich der technische Informationsbedarf und -anfall direkt im Fertigungsprozeß (Teilebene "Prozeß" in Bild 32) berücksichtigt werden, so kann analog zu der Ermittlung des organisatorischen Informationsbedarfs und -anfalls vorgegangen werden.

Man erhält hier den Informationsbedarf und -anfall ebenfalls ausgehend von den einzelnen Quellen und Senken im Prozeß durch Summieren der auftretenden technischen Datensätze (III in Bild 32).

Der gesamte Informationsbedarf und -anfall je Teilbereich ergibt sich aus der Summe der organisatorischen (auftragsbezogenen) und technischen (prozeßbezogenen) Daten.

Nach diesem Anwendungsschlüssel können für die anderen Informationsbausteine bzw. Teilbereiche die entsprechenden Formeln zur Ermittlung des Informationsbedarfs und -anfalls aufgestellt werden (vgl. Anhang 3.1).

4.4.3.2 Informationsbedarf und -anfall bei verschiedenen Organisationstypen der Fertigung

Die allgemeine Gleichung für einen Auftragsdurchlauf durch die Teilefertigung in einem beliebigen Organisationstyp lautet entsprechend der Summe aller Informationsbausteine (Ziffern 1 bis 9):

$$F = \underbrace{a \cdot MV}_{1} + \underbrace{e \cdot WV}_{2} + \underbrace{p \cdot PB}_{3} + \underbrace{m \cdot MB}_{4} + \underbrace{w \cdot WB}_{5} + \underbrace{g \cdot AT}_{6} + \underbrace{k \cdot K}_{7} + \underbrace{t \cdot T}_{8} + \underbrace{l \cdot L}_{9} \qquad (5)$$

Die Großbuchstaben entsprechen den Abkürzungen für die Informationsbausteine, die Kleinbuchstaben sind die bereits beschriebenen organisationstypabhängigen Parameter (vgl. Tabelle 3).

Setzt man diese Parameter aus Tabelle 3 in die allgemeine Gleichung (5) ein, erhält man folgende Gleichungen für den Auftragsdurchlauf durch die Fertigung bei verschiedenen Organisationstypen (vgl. dazu Anhang 3.2):

$$WF = MV + e \cdot WV + MB + w \cdot WB + g \cdot AT + k \cdot K + t \cdot T + L \qquad (6)$$

$$GF = MV + e \cdot WV + MB + w \cdot WB + g \cdot AT + K + 2 \cdot T + L \qquad (7)$$

$$BF = a \cdot MV + e \cdot WV + p \cdot PB + m \cdot MB + w \cdot WB + h \cdot AM + k \cdot K \qquad (8)$$

$$PF = MV + WV + MB + WB + AT + K + 2 \cdot T + L \qquad (9)$$

$$RFF = MV + WV + MB + WB + g \cdot AT + K + 2 \cdot T + L \qquad (10)$$

WF - Werkstattfertigung
GF - Gruppenfertigung
BF - Baustellenfertigung
PF - Punktfertigung
RFF - Reihen- und Fließfertigung

Da die Gleichungen für die Reihen- und Fließfertigung aus denselben Informationsbausteinen und Parametern bestehen, wurden sie in Gleichung (10) zusammengefaßt.

Nun kann z.B. der Informationsbedarf, den e i n A u f t r a g während seines Durchlaufs durch die Fertigung benötigt und der Informationsanfall, der dabei verursacht wird, ermittelt werden. Dazu werden die Abkürzungen der Informationsbausteine durch die Gleichungen des Informationsbedarfs und -anfalls je Baustein ersetzt, die in Kapitel 4.4.3.1 am Beispiel des Bausteins "Ausführung Teilefertigung" hergeleitet wurden. Man erhält für das Beispiel der Werkstattfertigung folgende Gleichungen (vgl. dazu Anhang 3.1):

$$IB_{WF} = A_1 + e \cdot A_2 + A_4 + w \cdot A_5 + g \cdot A_6 + t \cdot A_8 + A_9 \qquad (11)$$

$$IA_{WF} = (z_1 U_1 + V_1) + e(z_2 U_2 + V_2) + (z_4 U_4 + B_4) + w(z_5 U_5 + B_5) +$$

$$+ 2g (R_6 + f_6 + z_6 U_6) + (k \cdot K_7) + (t \cdot z_8 U_8) + (Em_9 + Am_9) \qquad (12)$$

Die Indizes dieser Gleichungen entsprechen der Reihenfolge der auftretenden Informationsbausteine von Gleichung (5), so daß zu erkennen ist, welche Bausteine am Informationsaustausch beteiligt sind.

Um den Informationsbedarf und -anfall a l l e r in den einzelnen Teilbereichen befindlichen A u f t r ä g e zu erhalten, müssen diese Gleichungen mit der j e w e i l i g e n A n z a h l v o n A u f t r ä g e n j e T e i l b e r e i c h m u l t i p l i z i e r t werden. Dadurch ergeben sich am Beispiel der Werkstattfertigung folgende Gesamtgleichungen für die Größe des Informationsbedarfs und -anfalls, die durch sämtliche in der Fertigung befindlichen Aufträge während ihres Durchlaufs durch die Fertigung verursacht wird (vgl. Bild 32):

$$IB_{WFges} = p(A_1 + e \cdot A_2) + q(A_4 + w \cdot A_5) + r_1(g \cdot A_6) + x(t \cdot A_8) + y(A_9) \qquad (13)$$

$$IA_{WFges} = p \left[(z_1 U_1 + V_1) + e(z_2 U_2 + V_2) \right] + q \left[(z_4 U_4 + B_4) + w(z_5 U_5 + B_5) \right]$$

$$+ r_1 \left[2_g (R_6 + f_6 + z_6 U_6) \right] + s(k \cdot K_7) + x(t \cdot z_8 U_8) +$$

$$+ y(Em_9 + Am_9) \qquad (14)$$

Wie bereits am Anfang des Kapitels 4.4 ausgeführt, ist dieses Gleichungssystem zur Ermittlung des Informationsbedarfs und -anfalls in der Fertigung ein Bestandteil des in Kapitel 6 beschriebenen EDV-unterstützten Auswahlverfahrens für Informationssysteme im Bereich der kurzfristigen Fertigungssteuerung.

In der Praxis kann aufgrund des modularen Aufbaus der Informationsbausteine und ihrer Gleichungen der I n f o r m a - t i o n s b e d a r f u n d - a n f a l l e n t s p r e - c h e n d d e r g e w ü n s c h t e n A u s s a g e ermittelt werden, nämlich

    - auftragsbezogen (z.B. Informationsbedarf und -anfall
                    für einen Auftrag)

und/oder

    - zeitlich   (z.B. Informationsbedarf und -anfall
                    für alle Aufträge/Tag)

und/oder

    - räumlich   (z.B. Informationsbedarf und -anfall
                    für alle Aufträge/Tag und Teilbereich).

   SCHRITTE ZUR ERSTELLUNG EINES ANFORDERUNGSPROFILS
    AN EIN SYSTEM ZUR KURZFRISTIGEN FERTIGUNGSSTEUERUNG,
    DARGESTELLT AN EINEM ANWENDUNGSBEISPIEL

Inhalt dieses Kapitels ist die Beschreibung einer praxisorientierten Vorgehensweise, die sowohl ausgehend von der Produktionsplanungs- und -steuerungsebene als auch von der Fertigungsebene die Formulierung von Anforderungen an ein System zur kurzfristigen Fertigungssteuerung ermöglicht. Diese Vorgehensweise geht in ihrem Umfang über die Bestimmung der Eingangsgrößen zur Auswahl eines Systemmodells für die kurzfristige Fertigungssteuerung hinaus. Sie ist allgemein zur Analyse von Informationssystemen anwendbar und liefert Ergebnisse für

- die Verbesserung von Informationsflüssen
- die Erstellung von Ablaufplänen zur Entwicklung
  von Anwendungs-Software,
- eine funktionsgerechte hierarchische Aufgaben-
  und Dateienstrukturierung,
- die integrierte Entwicklung gesamtbetrieblicher
  Informationssysteme.

Die Vorgehensweise setzt sich aus folgenden Schritten zusammen (Bild 33):

1. Ermitteln des Ist-Zustandes im bestehenden
   Informationssystem:

   - zu lösende Aufgaben,
   - bestehende (statische) Informations-
     beziehungen und
   - (dynamische) Informationsflüsse

2. Ableiten von Anforderungen an ein alternatives
   Informationssystem:

   - Ermittlung relevanter Einflußgrößen,
   - Anpassung des Informationssystems,
   - Quantifizierung des Informationsbedarfs
     und -anfalls

3. Festlegen des Soll-Zustands in einem
   alternativen Informationssystem:

   - Lösungszyklen und -ebenen von Aufgaben,
   - Informationsbeziehungen (qualitativ),
   - Informationsflüsse (qualitativ und quantitativ)

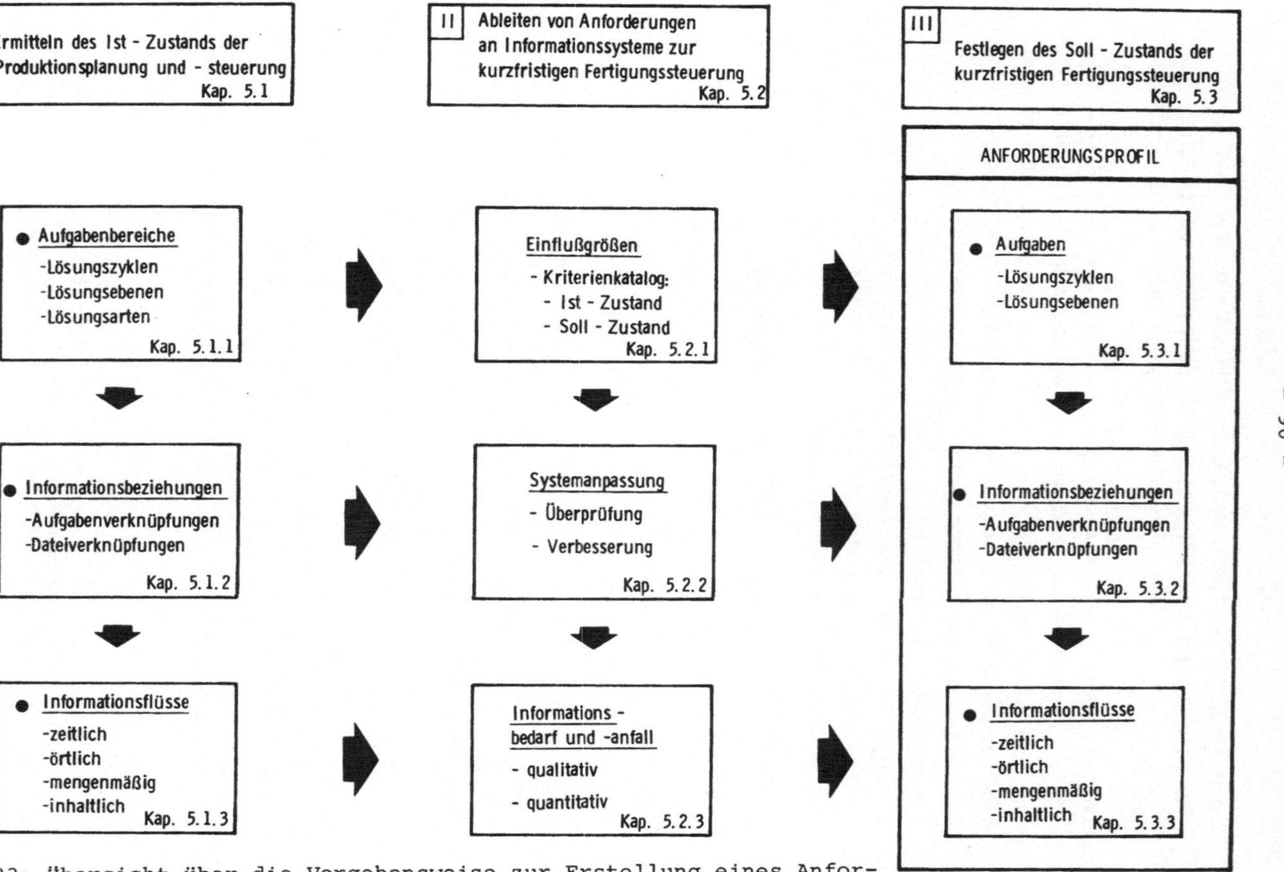

Bild 33: Übersicht über die Vorgehensweise zur Erstellung eines Anforderungsprofils an Systeme zur kurzfristigen Fertigungssteuerung

Bezüglich der allgemein bekannten Hilfsmittel zur Systemanalyse wird an dieser Stelle auf die vielfältige Literatur dieses
Gebietes, z.B. /52,53,54/ verwiesen. Die Analyse von Systemen
zur Datenerfassung im Hinblick auf Leistungs- und Kostenmerkma-
le ist in /55/ ausführlich behandelt.

Die Vorgehensweise zur Erstellung eines Anforderungsprofils
wird im folgenden speziell für die Gestaltung von Informationssystemen im Bereich der kurzfristigen Fertigungssteuerung angewendet. Dabei werden die einzelnen Schritte anhand eines A n -
w e n d u n g s b e i s p i e l s parallel zu ihrer Beschreibung näher erläutert. Die Ausführungen zu dem Beispiel sind im
Text jeweils etwas weiter eingerückt.

Das hierfür ausgewählte Unternehmen gehört der feinme-
chanisch-optischen Branche an. Sein Produktionsprogramm
umfaßt unter anderem medizinische, chemische und physi-
kalische Geräte sowie Meßmaschinen. Das Unternehmen läßt
sich mit folgenden Merkmalen grob charakterisieren:

- Betriebsgröße: Großbetrieb
- Organisationstyp: Werkstattfertigung
- Fertigungstyp: Einzel- und Kleinserienfertigung
- Auftragstyp: zu 75 % lagerorientierte Fertigung

5.1 Ermitteln des Ist-Zustands der Produktionsplanung und -steuerung

5.1.1 Ist-Zustand der Aufgabenlösung

Für die Ermittlung der Anforderungen an ein System zur kurzfristigen Fertigungssteuerung muß vom Ist-Zustand der gesamten
Produktionsplanung und -steuerung ausgegangen werden. Durch die
Berücksichtigung dieser Anforderungen wird die Auswahl eines
EDV-technisch bereits in die Produktionsplanung und -steuerung
integrierten oder in Zukunft integrierbaren Systems im kurzfristigen Steuerungsbereich möglich. Eine gegenseitige Verträglichkeit vorhandener oder geplanter Systemteile ist bei dieser
Betrachtungsweise ebenfalls gewährleistet.

Der Ist-Zustand bei der Lösung von Aufgaben in den zu betrach-
tenden Gebieten Bestell- und Lagerwesen, Fertigungsplanung,

Fertigungssteuerung und Fertigung ist hinsichtlich der bestehenden Lösungszyklen, Lösungsebenen und Lösungsarten zu ermitteln. Dazu wird das in Bild 34 gezeigte Formblatt verwendet.

Lösung / Aufgaben	Lösungszyklen								Lösungsebenen				Lösungsarten			
	nach Bedarf	Monatsbereich	Wochenbereich	Tagesbereich	Stundenbereich	Minutenbereich	Sekundenbereich	Kontinuierlich	Planungsebene	Steuerungsebene	Werkstattführungsebene	Prozeßebene	ohne EDV	off - line	on - line/batch	on - line/real - time
	n. B.	>4 W.	1-4W.	>8 h	1-8 h	<1 h	<1min	K.	a	b	c	d	0	1	2	3
Arbeits-beleg-erstellung S71			X							X			X			
Arbeits-vertei-lung S72				X						X			X			
Fertigungs-fortschritts-Über-wachung S81				X						X			X			

Bild 34: Ermittlung der Lösungszyklen, -ebenen und -arten von betrieblichen Aufgaben im Ist-Zustand (Auszug)

Die L ö s u n g s z y k l e n geben Auskunft über die Häufigkeit, in der die einzelnen Aufgaben bearbeitet werden müssen. Eine Zuordnung von Aufgaben zu den L ö s u n g s e b e n e n Planungs-, Steuerungs-, Werkstattführungs- und Prozeßebene im Ist-Zustand bildet die Grundlage für eine geeignete hierarchische Gliederung dieser Aufgaben entsprechend ihrer gegenseitigen Verknüpfung und des Informationsbedarfs und -anfalls bei ihrer Lösung. Die L ö s u n g s a r t e n von Aufgaben im Ist-Zustand beschreiben den bestehenden Einsatz EDV-technischer Hilfsmittel. Es werden die bereits definierten EDV-Einsatzstufen 0 (konventionell), 1 (off-line), 2 (on-line/batch) und 3 (on-line/real-time) verwendet.

Bild 34 enthält einen Auszug aus dem im Rahmen des Anwendungsbeispiels erhobenen Ist-Zustand der Aufgabenlösung. Bedingt durch einen 14-tägigen Terminierungszyklus

des Fertigungsdurchlaufs erfolgt alle 2 Wochen die Arbeitsbelegerstellung (S 71) in der Steuerungsebene ohne EDV-
Unterstützung. Die Arbeitsverteilung (S 72) wird täglich
von der Steuerungsebene aus ebenfalls manuell vorgenommen.
In gleicher Weise geschieht die Fertigungsfortschrittsüberwachung (S 81). Sie wird im Tagesbereich in der Steuerungsebene ohne EDV-Unterstützung durchgeführt.

5.1.2   Ist-Zustand der Informationsbeziehungen

Nach der Ermittlung des Ist-Zustands bei der Lösung von einzelnen Aufgaben der Produktionsplanung und -steuerung sind die Informationsbeziehungen dieser Aufgaben untereinander und zu den
erforderlichen Dateien zu untersuchen. Zuerst müssen die A u f -
g a b e n v e r k n ü p f u n g e n innerhalb und zwischen den
Aufgabengebieten Bestell- und Lagerwesen, Fertigungsplanung und
Fertigungssteuerung ermittelt werden. Weiter sind die bestehenden V e r k n ü p f u n g e n dieser Aufgaben m i t d e n
D a t e i e n der Produktionsplanung und -steuerung festzu-
stellen. Dafür werden die in Kapitel 4.3 erstellten Matrizen der
Aufgaben- und Dateiverknüpfungen verwendet (vgl. Anhang 2.2 und
2.3). Diese Matrizendarstellung der Aufgaben- und Dateiverknüpfungen erleichtert die Übersicht über die komplexen Informa-
tionszusammenhänge in der Produktionsplanung und -steuerung ganz
entscheidend.

Die Matrizen müssen im Rahmen der Ermittlung des Ist-Zustands überprüft und den betriebsspezifischen Abweichungen
des Anwendungsbeispiels angepaßt werden. Bild 35 enthält
die betriebsspezifisch angepaßten Verknüpfungen derjenigen
Aufgaben, die bereits in Bild 34 beispielhaft enthalten
sind.

Aus diesen aktualisierten Tabellen können die grundsätzlichen Informationsbeziehungen zwischen einzelnen Aufgaben, zwischen Aufgaben und Dateien sowie zwischen Dateien
entnommen werden (s. Kap. 5.1.3).

Mit dieser Darstellung der Informationsbeziehungen ist eine
statische Abbildung des Informationsgeschehens erreicht.

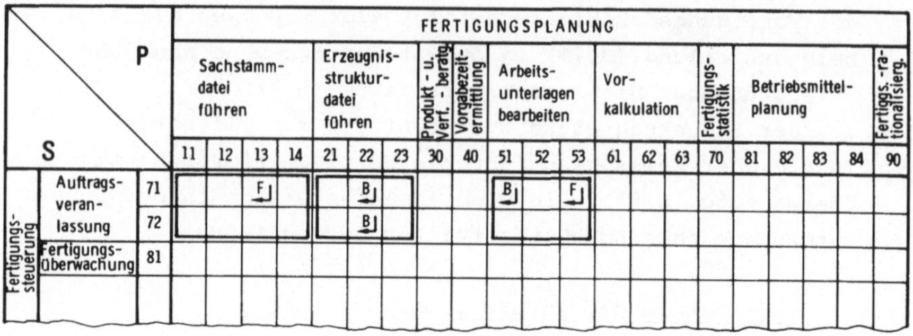

S \ P		**FERTIGUNGSPLANUNG**																				
		Sachstamm-datei führen				Erzeugnis-struktur-datei führen			Produkt-u. Vert.-beratg.	Vorgabezeit-ermittlung	Arbeits-unterlagen bearbeiten			Vor-kalkulation			Fertigungs-statistik	Betriebsmittel-planung				Fertiggs.-rationalisierg.
		11	12	13	14	21	22	23	30	40	51	52	53	61	62	63	70	81	82	83	84	90
Fertigungs-steuerung / Auftrags-veran-lassung	71			F			B				B		F									
	72						B															
Fertigungs-überwachung	81																					

B: Beleg   F: Datei

S \ S		**FERTIGUNGSSTEUERUNG**																			
		Prod.-u. Fert.-programm bilden		Material-bedarfs-ermittlung					Beschaf-fungs-rechnung			Fertigungs-durchlauf terminieren			Kapa-zitätsab-stimmung		Instandh. steuern	Auftrags-veran-lassung		Fertigungs-über-wachung		
		11	12	21	22	23	24	25	31	32	33	41	42	43	51	52	60	71	72	81	82	83
Fertigungs-steuerung / Auftrags-veran-lassung	71										F	B						F	B			
	72												B					B				
Fertigungs-überwachung	81											B							B			

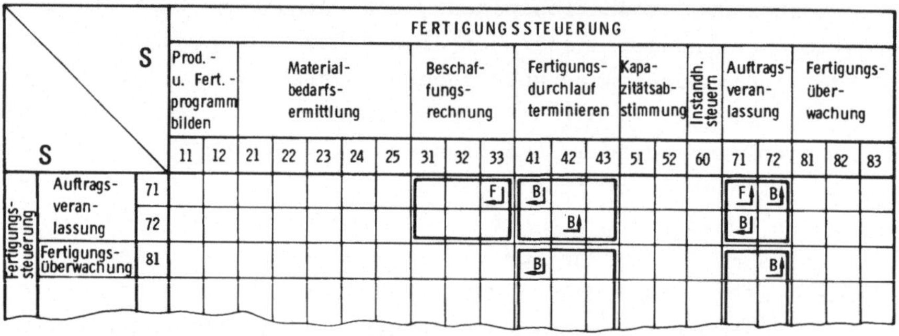

B: Beleg   F: Datei

Aufgaben \ Dateien	1	2	3	4	5	6	7	8	9	10	11	12	13	14	15	16	17	18	19	20	21	22	23	24	25
S 71	●											●	●										○		
S 72																									
S 81													●												

Aufgaben : vgl. Bild 34 und Anhang 2.1   Dateien : vgl. Anhang 2.2

Bild 35: Betriebsspezifisch angepaßte Matrizen der Aufgaben-
und Dateiverknüpfungen (Ausschnitte aus den Bildern
A 5, A 3 und Tabelle A 7 (Anhang))

5.1.3   Ist-Zustand der Informationsflüsse

Mit Hilfe der Untersuchungsergebnisse des Ist-Zustandes der Aufgabenlösung (vgl. Kap. 5.1.1) und des Ist-Zustandes der Informationsbeziehungen (vgl. Kap. 5.1.2) lassen sich die (stati-
schen) Informationsbeziehungen als (dynamische) Informations-

flüsse darstellen. Dadurch ergeben sich für alle Ebenen Funktionsabläufe im Ist-Zustand, wie sie in Bild 36 als Ausschnitt beispielhaft dargestellt sind.

Das zur Aufnahme solcher Funktionsabläufe entwickelte Formblatt (Bild 36) gliedert sich in einen qualitativen und quantitativen Teil. Im q u a l i t a t i v e n T e i l wird vertikal die Verknüpfung der einzelnen Aufgaben aufgereiht. Horizontal werden die jeweils zu ihrer Lösung erforderlichen und bei ihrer Lösung anfallenden Informationen eingetragen. Weiter ist darstellbar,

- von welchen anderen Aufgaben die benötigten Informationen kommen (Informationsbedarf),
- wo die anfallenden Informationen weiterverwendet werden (Informationsanfall),
- ob es sich um einen Belegfluß oder einen Dateizugriff handelt und
- welche einzelnen Belege oder Dateien betroffen sind.

Die Numerierung der Belege und Dateien setzt sich aus zwei Teilen zusammen (vgl. Anhang 2.1 und 2.2). Der erste Teil entspricht der Nummer derjenigen Aufgabe, während deren Bearbeitung der Beleg entsteht bzw. erstmals auf die Datei zugegriffen wird. Der zweite Teil stellt eine fortlaufende Zählnummer zur Unterscheidung mehrerer Belege oder Dateizugriffe innerhalb einer Aufgabe dar. Im q u a n t i t a t i v e n T e i l des Formblatts läßt sich der Lösungszyklus, die Lösungsebene und die Lösungsart der einzelnen Aufgaben angeben.

Bei der Erstellung von Funktionsabläufen werden die Aufgaben- und Dateiverknüpfungen aus den (aktualisierten) Matrizen (vgl. Bild 35) in Bild 36 übertragen. Die Angaben über Lösungszyklen, -ebenen und -arten werden aus Bild 34 übernommen. Aus darstellungstechnischen Gründen empfiehlt es sich, die Funktionsabläufe in verschiedene Teile - z.B. getrennt für jede Systemebene - aufzugliedern.

Die Funktionsabläufe können sich durch das Festlegen des Soll-Zustands der kurzfristigen Fertigungssteuerung verändern. Um diesen Soll-Zustand in Form eines Anforderungsprofils formulieren zu können, sind aus dem Ist-Zustand der Produktionsplanung

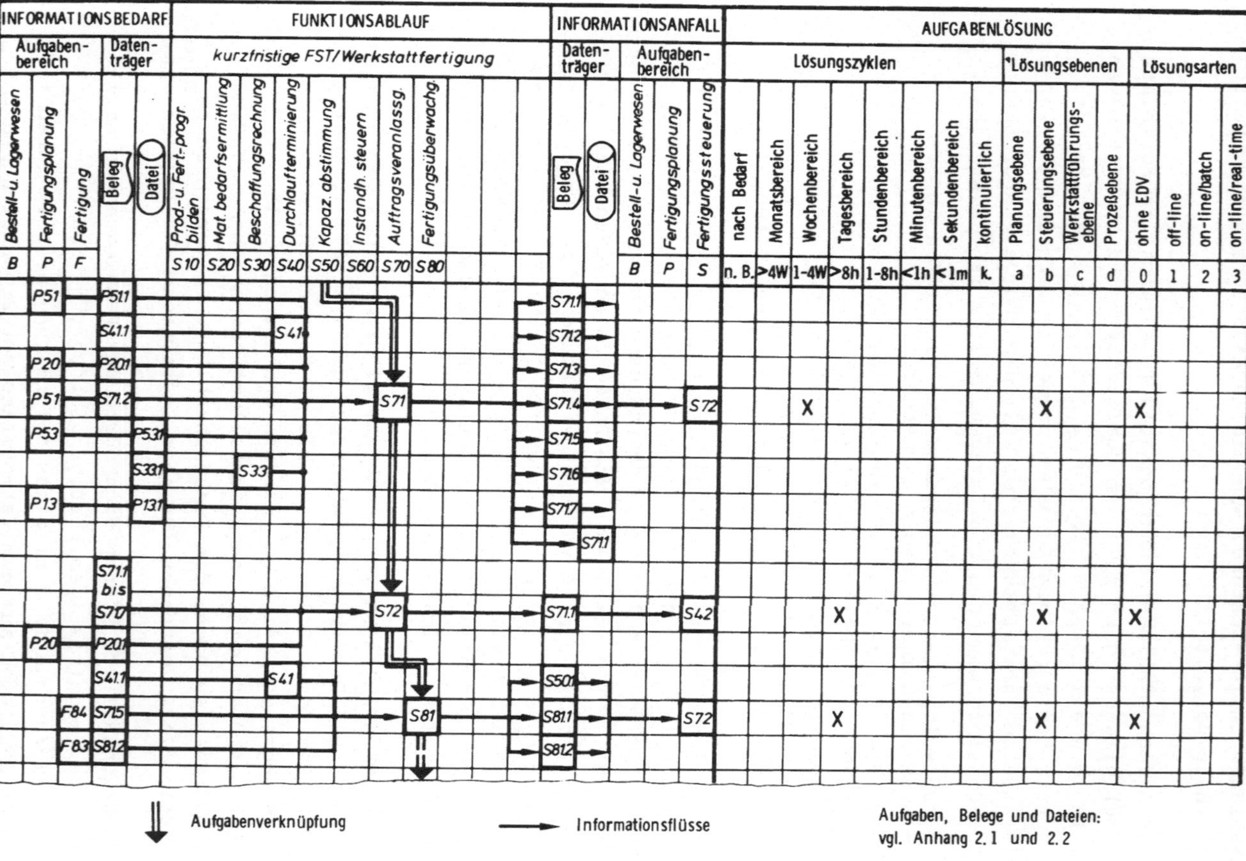

Bild 36: Beispiel eines Funktionsablaufs zur kurzfristigen Fertigungssteuerung (Ausschnitt)

und -steuerung entsprechende Anforderungen abzuleiten (vgl.
Bild 33).

5.2   Ableiten von Anforderungen an ein Informations-
        system zur kurzfristigen Fertigungssteuerung

5.2.1   Erhebung des Kriterienkatalogs

Zur Festlegung des Soll-Zustands der kurzfristigen Fertigungssteuerung muß dieser Bereich gegenüber der gesamten Produktionsplanung und -steuerung abgegrenzt werden. Hierzu erfolgt
an dieser Stelle mit Hilfe des in Kapitel 4.1 vorgestellten
Kriterienkatalogs eine Einengung des Untersuchungsgebiets von
der gesamten Produktionsplanung und -steuerung auf die kurzfristige Fertigungssteuerung. Für die Analyse weiterer Teilbereiche der Produktionsplanung und -steuerung oder anderer Informationssysteme ist das Vorgehen aufgrund seines modularen
und anpaßbaren Aufbaus in gleicher Weise geeignet.

Der Kriterienkatalog ist neben der Untersuchung der Informationsflüsse die Ausgangsbasis zur Auswahl anforderungsgerech-
ter Systemmodelle für die kurzfristige Fertigungssteuerung (vgl.
Kap. 6). Deshalb ist bei der Datenerhebung entsprechend sorgfäl-
tig vorzugehen. Fragen, die eine Bewertung des Ist-Zustands und
Aussagen über den angestrebten Soll-Zustand enthalten, sollten
nicht nur von Vertretern einer Abteilung beantwortet werden.
Solche Fragen sind vielmehr zwischen den betroffenen Abtei-
lungen zu diskutieren, um zu einer gemeinsamen Antwort zu kommen. Schließlich ist das Ergebnis der Datenerhebung mit den
zuständigen Entscheidungsträgern im untersuchten Betrieb zu
besprechen, um widersprüchliche und nicht realisierbare Aussagen zu vermeiden.

Der erste Teil des Katalogs enthält Kriterien, die ausgehend von der gesamten Produktionsplanung und -steue-
rung den I s t - Z u s t a n d der kurzfristigen Fertigungssteuerung beschreiben (vgl. Anhang 1, Abschnitt 1
bis 3). Mit den Fragen des zweiten Katalogteils werden
die Anforderungen an den S o l l - Z u s t a n d der
kurzfristigen Fertigungssteuerung ermittelt (Abschnitt 4

bis 6). Weiter werden mit dem Kriterienkatalog sämtliche
Werte erhoben, die für eine quantitative Ermittlung des
Informationsbedarfs und -anfalls im Rahmen des EDV-unter-
stützten Auswahlverfahrens erforderlich sind.

5.2.2   Anpassung des Informationssystems

Im nächsten Schritt ist der Ist-Zustand der kurzfristigen Fertigungssteuerung zu überprüfen und dem Soll-Zustand anzupassen.
Diese Anpassung geschieht durch eine Zuordnung von Aufgaben der
kurzfristigen Fertigungssteuerung und den mit ihnen direkt in
Verbindung stehenden weiteren Aufgaben der Produktionsplanung
und -steuerung zu den einzelnen Lösungsebenen. Dabei ist die
Zuordnung aufgrund

- der Erhebungsergebnisse des Kriterienkatalogs
  (Kap. 5.2.1) und
- der Informationsbeziehungen zwischen den
  Aufgaben (Kap. 5.1.2)

vorzunehmen. Durch die Berücksichtigung dieser Abhängigkeiten
im Hinblick auf den Soll-Zustand unterscheidet sich diese Aufgabenzuordnung von der im Kapitel 5.1.1 beschriebenen Ermittlung der bestehenden Lösungsebenen im Rahmen der Ist-Aufnahme.

Eine Aufgabenzuordnung unter den oben genannten Kriterien führt
in der Regel zu mehr oder weniger starken Veränderungen in der
Aufbau- und Ablauforganisation eines Unternehmens. Es ist im
Einzelfall zu prüfen, bis zu welchem Grad derartige Veränderun-
gen zu vertreten sind. Diesbezüglich bestehende Randbedingun-
gen sind neben den bereits beschriebenen Einflußgrößen bei der
Zuordnung von Aufgaben zu Lösungsebenen ebenfalls zu beachten.
Hierzu sind u.a. in /56/ und /57/ Hinweise zu finden.

Grundsätzlich ist bei der Zuordnung von einzelnen Aufgaben zu
Lösungsebenen davon auszugehen, daß die Aufgaben der Fertigungssteuerung dort gelöst werden sollten, wo

- die als Ergebnis der Aufgabenlösung anfallende Information benötigt wird,
- der Zugriff auf die zur Aufgabenlösung erforderliche
  Information am wenigsten aufwendig ist und

- die fachliche Kompetenz zur Lösung der Aufgaben
  am größten ist.

Im einzelnen bietet sich das im folgenden beschriebene
Vorgehen an. Zuerst ist zu untersuchen, ob die in Kapitel
5.1.1 erfolgte A u f g a b e n z u o r d n u n g zu der
Planungs-, Steuerungs-, Werkstattführungs- und Prozeßebene aufgrund der Bewertung von Einflußgrößen (siehe Kap.
5.2.1) korrigiert werden muß. Es kann z.B. notwendig sein,
die Fertigungsüberwachung oder Teile davon aus Gründen
der Aktualität und Effektivität in die Werkstattführungsebene zu verlagern. Auf die Auswahl der dafür geeigneten
Systemkonfigurationen zur kurzfristigen Fertigungssteuerung wird in Kapitel 6 eingegangen.

Anschließend wird die grobe Zuordnung von Aufgaben zu Lösungsebenen detaillierter betrachtet. Aufgrund der bestehenden Aufgaben- und Dateiverknüpfungen (aus Kap. 5.1.2)
werden Einzelaufgaben zu sinnvollen A u f g a b e n -
s c h w e r p u n k t e n zusammengefaßt. Dadurch erhält
man Ansatzpunkte für die Zentralisierung oder Dezentralisierung von Aufgaben und Dateien. Wichtige Kriterien für
die hierarchische Zuordnung von Aufgaben zu Dateien oder
umgekehrt sind:

- die Lösungshäufigkeit von Aufgaben
- die Zugriffshäufigkeit von Aufgaben auf Dateien und
- die Verknüpfung der Dateien untereinander.

Da eine starke Wechselwirkung zwischen den Aufgaben- und
Dateiverknüpfungen besteht, ist eine gleichzeitige Be-
trachtung der vorhandenen aufgaben- und dateiinternen
Abhängigkeiten notwendig. Grundsätzlich sollte sich die
Aufgabengruppierung an den internen Aufgabenverknüpfungen
orientieren, während bei der Zuordnung von Dateien zu
Aufgaben sowohl die Verknüpfungen zwischen Aufgaben und
Dateien als auch die internen Dateiverknüpfungen zu be-
rücksichtigen sind. Wenn bekannt ist, wie oft eine Auf-
gabe gelöst werden muß, welche Informationen in welcher
Form dazu benötigt werden bzw. dabei anfallen, wo und wie
diese Informationen zur Verfügung stehen bzw. später ge-

braucht werden und welche Informationsmenge zwischen den
einzelnen Aufgabenträgern ausgetauscht wird, ist eine
Gruppierung von Aufgaben und Dateien auf der Basis quanti-
fizierter Informationsbeziehungen möglich.

Für die Lösung von Aufgaben, die inhaltlich zusammenhängen,
muß oft auf dieselben oder auf miteinander in Beziehung
stehende Datenbestände zugegriffen werden. Die entsprechenden grundsätzlichen Informationsbeziehungen zwischen
den Dateien wurden in Kapitel 5.1.2 ermittelt. Durch eine
Auswertung der so beschriebenen Informationsbeziehungen
läßt sich u.a. feststellen:

- die Zugriffshäufigkeit von einzelnen Aufgaben auf
  verschiedene Datenbestände,
- die Bedarfs- und Anfallshäufigkeit gleicher Informationen an verschiedenen Stellen und
- der Bedarf gleicher Datenträger an verschiedenen
  Stellen.

Entsprechend diesen Abhängigkeiten sind die in Kapitel
5.1.3 erstellten Funktionsabläufe des Ist-Zustandes zu
überprüfen und ggf. abzuändern.

Dadurch lassen sich Aufgabenschwerpunkte bilden, denen die erforderlichen Dateien entweder auf der gleichen Ebene oder einer
darüberliegenden Ebene zugeordnet sind. Solche D a t e i -
s c h w e r p u n k t e bilden langfristig die Basis für den
Aufbau von Rechner-Netzwerken (vgl. hierzu z.B. /58,59/).

Die Schnittstellen zwischen den einzelnen Aufgaben- und Datei-
schwerpunkten können durch den qualitativen und quantitativen
Informationsaustausch eindeutig beschrieben werden. Weiter
lassen sich ungeeignete Informationsflüsse erkennen und verbessern. Dies kann von der V e r e i n f a c h u n g zu um-
ständlicher Informationsflüsse bis zur A b s c h a f f u n g
überhaupt nicht notwendiger Informationsflüsse reichen.

Die ausführliche Diskussion der Gestaltung von Dateien würde
den Rahmen dieser Arbeit sprengen. Es sei deshalb auf /53/ verwiesen, wo u.a. die Möglichkeit der Diskriminanzanalyse zur
anwendergerechten Zusammenfassung von Daten in entsprechenden

Dateien beschrieben wird. Die hierarchische Zuordnung von Aufgaben der kurzfristigen Fertigungssteuerung sollte auch im Hinblick auf neuere Entwicklungen der Arbeitsstrukturierung erfolgen (vgl. hierzu /60/). So ist es z.B. notwendig, bei der Bildung von Gruppenarbeitsplätzen dispositive Aufgaben bis in die Prozeßebene zu dezentralisieren.

In dieser Untersuchungsphase kann festgelegt werden, welche Reihenfolge bei der Realisierung von Aufgabenschwerpunkten im Hinblick auf die Erstellung eines Gesamtsystems zur Produktionsplanung und -steuerung eingehalten werden sollte. Über die Problematik der geeigneten Automatisierungs-Reihenfolge in verschiedenen Teilbereichen wird in /61/ berichtet. Bei einem bereits durchgeführten Material- und Fertigungssteuerungssystem wurde die Reihenfolge der Realisierung vom kurzfristigen zum langfristigen Bereich folgendermaßen festgelegt /62/:

	Fertigungsbereich	Materialbereich
1)	- Auftragsfortschrittserfassung und -steuerung	- Lagerbestandserfassung und -fortschreibung
2)	- Werkstattbestandsverwaltung	- Bestellbestandsverwaltung
3)		- Verfügbarkeitskontrolle (Auftrags- und Bestellschreibung)
4)	- Kapazitätsterminierung und Ablaufplanung	- stochastische Materialdisposition
5)	- langfristige Programm- und Belastungsplanung	- deterministische Bedarfsermittlung

Bei den hier im Vordergrund stehenden Informationssystemen zur kurzfristigen Fertigungssteuerung als Teilsystem der Produktionsplanung und -steuerung ist abzugrenzen, welche Aufgabenschwerpunkte von diesem Teilsystem abgedeckt werden sollen. Die Schnittstellen zu den Aufgaben außerhalb des Teilsystems lassen sich mit Hilfe der in Kapitel 5.1.2 beschriebenen Darstellungen definieren. Innerhalb der Grenzen des Systems zur kurzfristigen Fertigungssteuerung kann der Informationsbedarf und -anfall in der Fertigung durch die Anwendung der in Kapitel 4.4 entwickelten Vorgehensweise quantitativ ermittelt werden.

5.2.3 Quantitative Ermittlung des Informationsbedarfs und -anfalls in der Fertigung

Die in Kapitel 4.4 entwickelte Vorgehensweise zur Ermittlung des Informationsbedarfs und -anfalls ist bei ihrer Anwendung betriebsspezifisch anzupassen. Dies läßt sich aufgrund des modularen Aufbaus der Vorgehensweise einfach durchführen.

Zunächst muß mit Hilfe der Informationsbausteine (vgl. Anhang 3.1) der A u f t r a g s d u r c h l a u f in der Fertigung entsprechend dem vorliegenden Organisationstyp nachgebildet werden. Der Auftragsdurchlauf im Anwendungsbeispiel entspricht qualitativ dem bereits in Bild 31 enthaltenen Beispiel. Existieren im Fertigungsbereich mehrere Organisationstypen neben- oder nacheinander, so müssen - je nach Bedeutung der einzelnen Organisationstypen - entweder ein kombinierter Auftragsdurchlauf oder mehrere unterschiedliche Auftragsdurchläufe abgebildet werden. Entscheidungskriterien hierzu können sein:

- überwiegender Prozentsatz der Fertigungsaufträge je Organisationstyp,
- Engpaßsituationen in Teilbereichen der Fertigung.

Durch die Aneinanderreihung der Informationsbausteine wird gleichzeitig die Häufigkeit ihres Auftretens festgelegt. Somit lassen sich die Parameter aus Tabelle 3, die diese Häufigkeit ausdrücken, bestimmen. Die Werte dieser Parameter werden mit Hilfe des Kriterienkatalogs ermittelt (vgl. Anhang 1, Frage 3.4). Der Inhalt der einzelnen I n f o r m a t i o n s b a u s t e i n e muß ebenfalls auf den jeweiligen Betrieb abgestimmt werden, da in den Datensätzen und Datenarten Abweichungen von den im Anhang 3.1 enthaltenen Informationsbausteinen auftreten können. Dabei ist zu beachten, daß die Anzahl der auszugebenden und zu erfassenden Datensätze möglichst gering bleibt, um eine unnötige Erweiterung des Informationsaustausches zwischen Fertigungssteuerung und Fertigung zu vermeiden.

Damit sind alle Voraussetzungen für eine betriebsspezifische
Quantifizierung des Informationsbedarfs und -anfalls in der
Fertigung geschaffen. Diese Vorgehensweise zur Ermittlung des
Informationsbedarfs und -anfalls ist Bestandteil der EDV-un-
terstützten Auswahl von Systemen zur kurzfristigen Ferti-
gungssteuerung (vgl. Kap. 6).

5.3 Festlegen des Soll-Zustands der kurzfristigen Fertigungssteuerung (Anforderungsprofil)

Nach Erarbeitung der einzelnen Teilergebnisse in Kapitel 5.1
(Ermitteln des Ist-Zustands) und Kapitel 5.2 (Ableiten von Anforderungen) läßt sich der Soll-Zustand der kurzfristigen Fertigungssteuerung in Form eines A n f o r d e r u n g s p r o -
f i l s darstellen. Dieses Anforderungsprofil ergibt sich
durch eine Zusammenführung der Ergebnisse aus den Kapiteln 5.1
und 5.2. Inhaltlich besteht das Anforderungsprofil aus folgenden drei Stufen (siehe Bild 37):

- B e s t e h e n d e L ö s u n g s z y k l e n u n d
  - e b e n e n v o n A u f g a b e n im Bereich der
  kurzfristigen Fertigungssteuerung;
  (Die aufgrund der qualitativen und quantitativen Einflußgrößen e r f o r d e r l i c h e n L ö s u n g s -
  e b e n e n (zentral oder dezentral) u n d L ö -
  s u n g s a r t e n (konventionell oder EDV-unterstützt)
  werden in Kapitel 6 im Rahmen der Auswahl eines Systemmodells zur kurzfristigen Fertigungssteuerung festgelegt.)
- Q u a l i t a t i v e I n f o r m a t i o n s b e -
  z i e h u n g e n zwischen Aufgaben und Dateien im Bereich der kurzfristigen Fertigungssteuerung sowie
  Schnittstellen zu Aufgaben und Dateien außerhalb dieses Bereichs;
- Q u a n t i t a t i v e B e s c h r e i b u n g d e r
  I n f o r m a t i o n s f l ü s s e zwischen Aufgaben
  und Dateien im Bereich der kurzfristigen Fertigungssteuerung durch geeignete Bestimmungsgrößen.

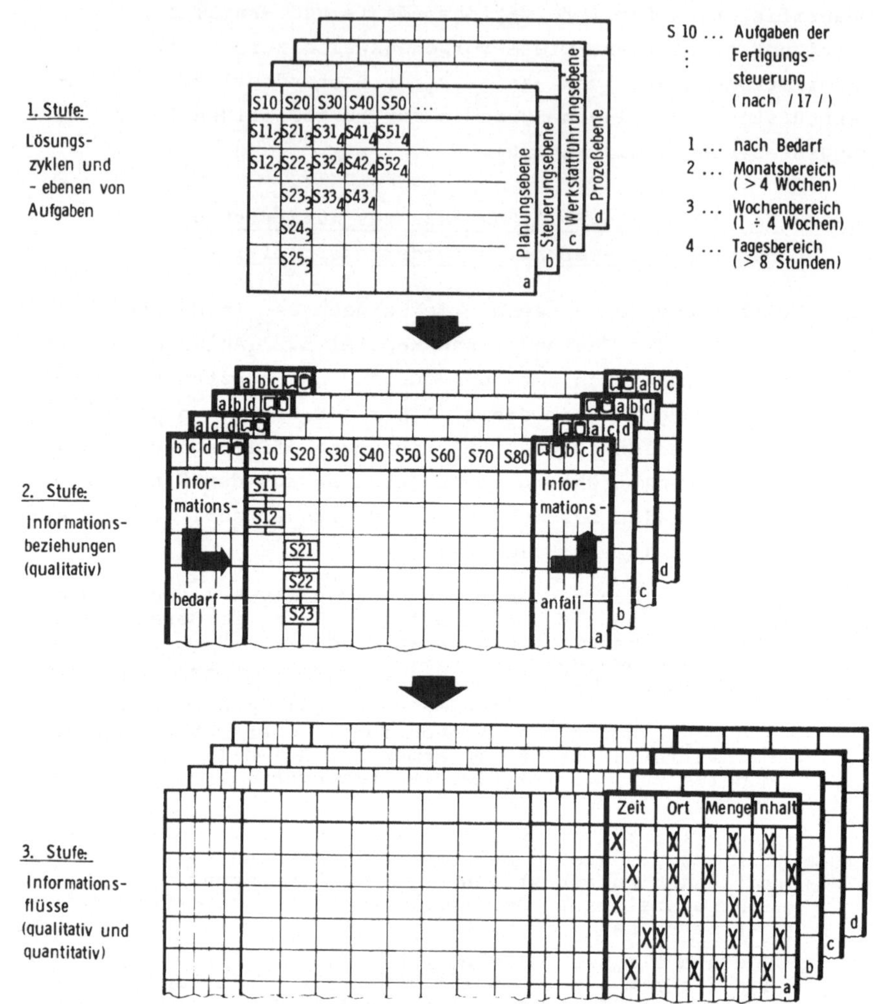

Bild 37: Stufen zur Erstellung eines Anforderungsprofils
für die kurzfristige Fertigungssteuerung

5.3.1   <u>Anforderungen aus den Aufgaben der kurzfristigen</u>
         <u>Fertigungssteuerung</u>

Als Ergebnis der Ermittlung von Einflußgrößen auf das Gebiet der
kurzfristigen Fertigungssteuerung (Kap. 5.2.1) und ausgehend
vom Ist-Zustand in diesem Gebiet (Kap. 5.1.1) lassen sich in
erster Näherung die notwendigen Lösungszyklen der betroffenen
Aufgaben festlegen.

Diese Soll-Lösungszyklen von Aufgaben der kurzfristigen Fertigungssteuerung können mehr oder weniger stark von einem nach
Kapitel 5.1.1 dargestellten Ist-Zustand abweichen. Die Festlegung der Zyklen wird vor allem von folgenden Größen beeinflußt:

> - Zyklus der Kapazitäts- bzw. Terminplanung (als Ergeb-
>   nis der Anforderungen aus der Produktionsplanung und
>   -steuerung),
> - Häufigkeit des Informationsbedarfs und -anfalls in
>   der Fertigungssteuerung,
> - Ort(e) der Dispositionskompetenz (zentral und/oder
>   dezentral),
> - Häufigkeit des Informationsbedarfs und -anfalls in
>   der Fertigung (als Ergebnis der Anforderungen aus
>   der Fertigung).

Mit Hilfe dieser Größen wurden die Aufgaben den im Einzelfall
notwendigen Lösungszyklen und -ebenen zugeordnet. Diese Aufgabenzuordnung entspricht der e r s t e n   S t u f e eines
Anforderungsprofils an die kurzfristige Fertigungssteuerung
(vgl. Bild 37).

5.3.2   <u>Anforderungen aus Informationsbeziehungen (qualitativ)</u>

Die z w e i t e   S t u f e des Anforderungsprofils erhält man
durch die betriebsspezifische Festlegung der Aufgaben- und Dateiverknüpfungen. Dieser Soll-Zustand läßt sich aus der Darstellung des Ist-Zustands ableiten (vgl. Bild 36 in Kap. 5.1.3).
Dazu waren alle auftretenden Informationsflüsse hinsichtlich
ihrer

> - inhaltlichen Notwendigkeit und ihrer
> - räumlichen und zeitlichen Verkürzbarkeit

zu untersuchen. Eine Verkürzung von Informationsflüssen kann durch eine räumliche und/oder zeitliche Zusammenfassung von gleichartigen Aufgaben erfolgen. Die Gleichartigkeit von Aufgaben bezieht sich dabei auf ihren Informationsbedarf und -anfall, so daß nicht die alternativen Lösungswege oder -methoden innerhalb der Aufgaben, sondern ähnliche Informationsflüsse zwischen den Aufgaben im Vordergrund stehen. In Bild 37 ist die zweite Stufe des Anforderungsprofils schematisch dargestellt.

5.3.3 Anforderungen aus Informationsflüssen (qualitativ und quantitativ)

Beschreibt man die im vorigen Kapitel festgelegten Informationsbeziehungen mit Hilfe der dazu in Kapitel 4.2 bereitgestellten Bestimmungsgrößen, so läßt sich in der d r i t t e n S t u f e das qualitative Anforderungsprofil an ein Informationssystem zur kurzfristigen Fertigungssteuerung quantifizieren (vgl. Bild 37).

Das Anforderungsprofil besteht in dieser detailliertesten Stufe aus sämtlichen Informationsflüssen im Bereich der kurzfristigen Fertigungssteuerung, die - getrennt für jede Systemebene - durch zeitliche, örtliche, mengenmäßige und inhaltliche Bestimmungsgrößen unterschiedlicher Ausprägung beschrieben sind.

Die Erarbeitung dieser drei Stufen des Anforderungsprofils wurde in Kapitel 5.2 beispielhaft durchgeführt.

Dieser Soll-Zustand der k u r z f r i s t i g e n F e r t i - g u n g s s t e u e r u n g sowie die Quantifizierung des Informationsbedarfs und -anfalls in der F e r t i g u n g werden im folgenden Kapitel den Eigenschaften der Systemmodelle zur kurzfristigen Fertigungssteuerung gegenübergestellt. Dadurch wird die Auswahl jenes Systemmodells möglich, das den betriebsspezifischen Anforderungen am besten genügt.

6 VERFAHREN ZUR AUSWAHL EINES SYSTEMMODELLS FÜR DIE KURZFRISTIGE FERTIGUNGSSTEUERUNG, DARGESTELLT AN EINEM ANWENDUNGSBEISPIEL

6.1 <u>Inhalt des Verfahrens</u>

In diesem Kapitel wird ein EDV-unterstütztes Verfahren zur Auswahl eines anforderungsgerechten Systemmodells für die kurzfristige Fertigungssteuerung entwickelt. Der Schwerpunkt liegt dabei auf einer möglichst weitgehenden Beachtung von Einflußgrößen und Randbedingungen, um so zu einem Informationssystem zu kommen, das die betrieblichen Anforderungen durch einen geeigneten Grad der Automatisierung und Dezentralisierung am besten erfüllt. Mit Hilfe dieses Verfahrens sollen vor allem Antworten auf folgende Fragen gefunden werden:

- Wann muß aufgrund der bestehenden Anforderungen der Schritt von einem Off-line-System zu einem On-line-System getan werden, und in welchen betrieblichen Bereichen ist dies notwendig?
- Wann und in welchen Bereichen ist es angebracht, eine zentrale Datenerfassung, -verarbeitung und -ausgabe bis in welche Ebenen zu dezentralisieren?

Durch die Angabe der EDV-Unterstützung als Grad der Automatisierung und die Festlegung einer geeigneten Ebene als Grad der Dezentralisierung lassen sich die Vorgänge in der kurzfristigen Fertigungssteuerung beschreiben. Zur vergleichbaren Darstellung dieser Vorgänge wird das hierfür in Kapitel 3.2 entwickelte Schema verwendet (vgl. Bild 6).

Das Auswahlverfahren ermöglicht die Ermittlung einer a n - f o r d e r u n g s g e r e c h t e n E D V - U n t e r - s t ü t z u n g der kurzfristigen Fertigungssteuerung in Form eines b e t r i e b s s p e z i f i s c h e n S y s t e m - v o r s c h l a g s . Die EDV-unterstützte Auswahl eines solchen Systemvorschlags aus einer Vielzahl von Systemmodellen (vgl. Kap. 3.3.1) beruht auf einem weitgehend detaillierten und quantifizierten A n f o r d e r u n g s p r o f i l (vgl. Kap. 5). Dieser Systemvorschlag dient sowohl der innerbetrieblichen Begründung für die Notwendigkeit einer bestimm-

ten EDV-Konfiguration als auch zur Absicherung der Systemauswahl im Hinblick auf das bestehende Marktangebot. Das Verfahren
ist sowohl einsetzbar zur Auswahl von Systemmodellen für einzelne Teilbereiche der Fertigung (z.B. in der Teilefertigung oder
Montage), als auch zum Entwurf eines Konzepts für die kurzfristige Steuerung des gesamten Fertigungsbereichs, das dann
stufenweise realisiert werden kann.

Die Grobstruktur des Auswahlverfahrens ist in Bild 38 darge-
stellt. Vor der Anwendung des EDV-unterstützten Teils muß eine
Analyse des Ist-Zustands durchgeführt werden, wie sie in Kapi-
tel 5 beschrieben ist. Ergebnisse dieser Analyse sind das
A n f o r d e r u n g s p r o f i l , das den Soll-Zustand der
Informationsflüsse in der kurzfristigen Fertigungssteuerung
festlegt und der K r i t e r i e n k a t a l o g , der die
Einfluß- und Bestimmungsgrößen zur Auswahl eines geeigneten Sy-
stemmodells enthält. Mit diesen Angaben wird das vorhandene
System im Rechner abgebildet.

Die ebenfalls im Rechner abgebildeten Eigenschaftsprofile von
Systemmodellen zur kurzfristigen Fertigungssteuerung bestehen
aus

- qualitativen und quantitativen Leistungsmerkmalen,
- Verträglichkeitsbedingungen der einzelnen System-
  elemente und
- Voraussetzungen für den Einsatz von Systemelementen.

Der Kern des Verfahrens umfaßt die dialogorientierte Auswahl
eines geeigneten Systemmodells. Dazu werden die aus den Anfor-
derungs- und Eigenschaftsprofilen ableitbaren zeitlichen, örtlichen, mengenmäßigen und inhaltlichen Größen herangezogen.
Mit diesen Größen erfolgt eine getrennte Ermittlung geeigneter
Systemelemente für die Erfassungs- und die Ausgabeseite. Dies
ist aufgrund der unterschiedlichen Aufgabeninhalte der Teilfunktionen und ihrer Einflußgrößen notwendig. Die ermittelten
Systemelemente werden anschließend mit Hilfe der festgelegten
Systemmodelle auf ihre Verträglichkeit untersucht und hinsichtlich ihrer EDV-Einsatzstufen und Systemebenen einander angepaßt. Dadurch wird vermieden, daß sich z.B. auf der Ausgabe-

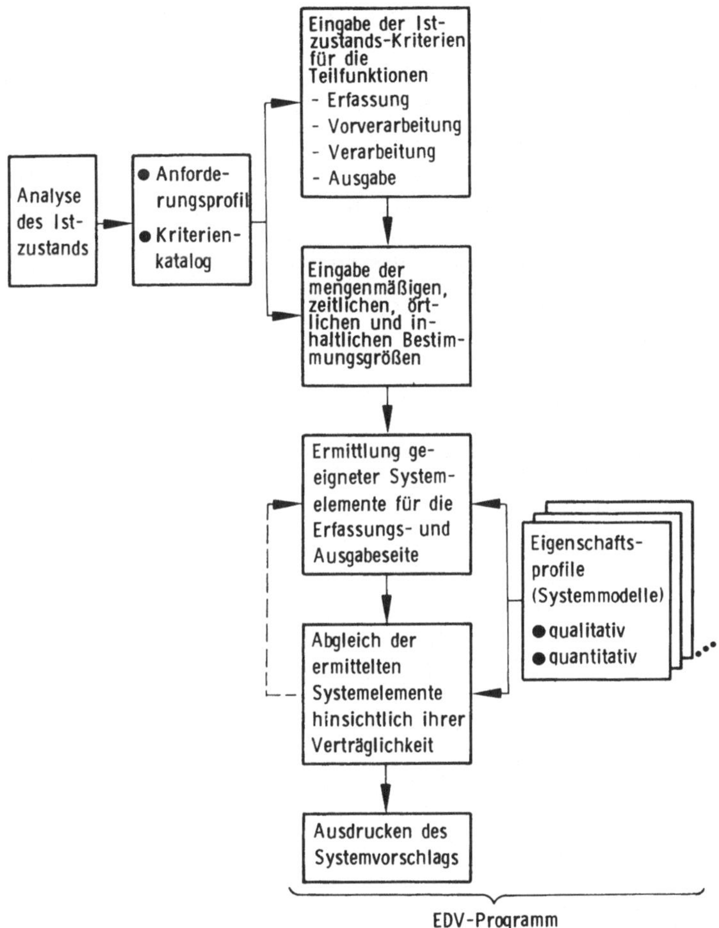

Bild 38: Auswahlverfahren für Systemmodelle zur
kurzfristigen Fertigungssteuerung

seite ein hoher Automatisierungs- und Dezentralisierungsgrad
ergibt, der wegen geringen Anforderungen auf der Erfassungsseite nicht gerechtfertigt ist.

Das Ergebnis des Verfahrens ist ein Systemvorschlag, der den
Soll-Zustand der kurzfristigen Fertigungssteuerung durch eine
geeignete hierarchische Verteilung von Systemelementen und ihren jeweiligen Grad der EDV-Unterstützung beschreibt.

6.2 Vorgehensweise und Programmbeschreibung

Im folgenden werden inhaltliche Schwerpunkte des Programms her-
ausgegriffen. Eine Grobstruktur des Gesamtprogramms ist im Anhang 4 in Form von Flußdiagrammen enthalten. Die Beschreibung
wird für die Teilefertigung des bereits in Kapitel 5 als Anwendungsbeispiel ausgewählten Unternehmens erläutert. Die Angaben,
die sich auf das Anwendungsbeispiel beziehen, sind im Text -
wie in Kapitel 5 - etwas weiter eingerückt.

Bei der Anwendung des Auswahlverfahrens wird entsprechend
den in Bild 39 dargestellten Schritten vorgegangen.

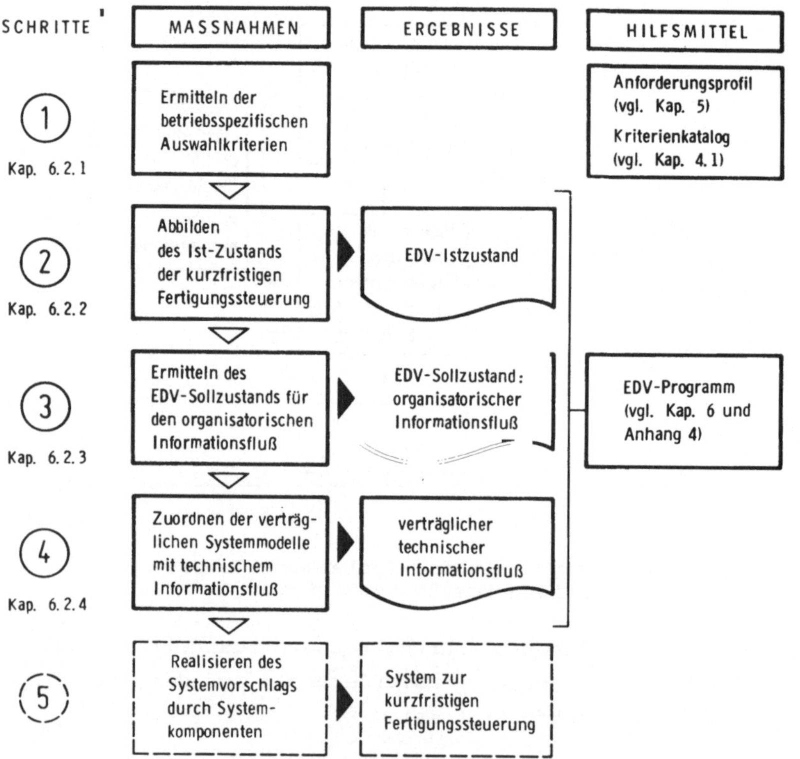

Bild 39: Vorgehensweise bei der Anwendung des Auswahlverfahrens für einen Systemvorschlag zur kurzfristigen
Fertigungssteuerung

6.2.1 Ermitteln der betriebsspezifischen Auswahlkriterien

I m   e r s t e n   S c h r i t t   werden die betriebsspezifischen Kriterien ermittelt, die zur Anwendung des Auswahlverfahrens erforderlich sind. Dies geschieht anhand
eines Fragebogens, der diese Kriterien vollständig enthält (vgl. Anhang 1). Der Fragebogen wird in den Fachabteilungen erhoben, die für die

- Erfassung,
- Vorverarbeitung,
- Verarbeitung und
- Ausgabe

von Daten zur kurzfristigen Fertigungssteuerung zuständig
sind. Dabei ist auf eine sehr sorgfältige Ermittlung der
notwendigen Zahlenangaben Wert zu legen (vgl. dazu Kap.
5.2.1).

Weiter ist für die Bearbeitung der folgenden Schritte das
Anforderungsprofil Voraussetzung, dessen Erstellung im
vorigen Kapitel beschrieben und durchgeführt wurde. Aus
diesem Anforderungsprofil sind alle qualitativen und quantitativen Größen zu entnehmen, die zur Darstellung des
Ist-Zustands und zur Ableitung des Soll-Zustands der kurzfristigen Fertigungssteuerung erforderlich sind, wie z.B.

- Lösungszyklen und -ebenen von Aufgaben
- bestehende EDV-Unterstützung im Untersuchungsbereich
- geplante Veränderungen von Aufgabenlösungen
  (Dezentralisierung, EDV-Unterstützung).

Die einzelnen Bestimmungsgrößen zur Festlegung der verschiedenen Teilfunktionen des Systemmodells werden bei der
folgenden Beschreibung der weiteren Schritte erläutert.

6.2.2 Abbilden des Ist-Zustands der kurzfristigen Fertigungssteuerung

Im   z w e i t e n   S c h r i t t wird der   I s t - Z u -
s t a n d   im Untersuchungsbereich abgebildet. Dieser Ist-
Zustand beschreibt den Grad der Dezentralisierung durch
die Angabe von Systemebenen. Dazu wird das in Kapitel 3.2
beschriebene Darstellungsverfahren von Systemen zur kurzfristigen Fertigungssteuerung verwendet.

Für die Ermittlung des Ist-Zustands müssen die im 2. Abschnitt des Fragebogens erhobenen Kriterien im Bildschirmdialog eingegeben werden. Der Ist-Zustand des Automatisierungs- und Dezentralisierungsgrades in der kurzfristigen Fertigungssteuerung des untersuchten Betriebes wird rechnerintern generiert und kann als graphische Darstellung über einen Drucker ausgegeben werden.

Dieser Ist-Zustand des Anwendungsbeispiels entspricht dem Systemmodell 2.2 (vgl. Bild 9.1). Die Erfassung von Betriebsdaten geschieht in dem untersuchten Bereich derzeit konventionell in der Steuerungsebene. Dazu werden die bereits vorgestanzten Lochkarten der fertiggestellten Arbeitsvorgänge von der Kontrolle in die Fertigungssteuerung gegeben und dort gesammelt (Steuerungsebene; EDV-Einsatzstufe 0). Bei der Vorverarbeitung werden die von der Kontrolle manuell auf den Auftragskarten vermerkten Abweichungen von der Soll-Stückzahl nachgelocht (Steuerungsebene; EDV-Einsatzstufe 1). Die Lochkarten ohne Soll-Ist-Abweichung bleiben unverändert. Parallel dazu erfolgt die Erfassung von Lohndaten (benötigte Zeit) und Zeitdaten (Anwesenheit). Die Lohn- und Zeitdaten werden EDV-kompatibel umgesetzt und monatlich zur Verarbeitung bereitgestellt.

Sämtliche angefallenen Auftragslochkarten werden alle zwei Wochen zur Verarbeitung in den Planungsrechner eingegeben (Planungsebene; EDV-Einsatzstufe 1). Anschließend findet (14-tägig) ein Terminierungslauf statt. Es wird derzeit eine Durchlaufterminierung ohne Kapazitätsabgleich durchgeführt.

Das Ergebnis des Terminierungslaufs sind zentral erstellte Terminierungslisten, deren Ausgabe über die Steuerungs- zur Werkstattführungsebene erfolgt (Werkstattführungsebene; EDV-Einsatzstufe 1). Die Lohnbelege und Arbeitspläne werden bisher konventionell dezentral erstellt. In dem untersuchten Betrieb wird als Ziel eine EDV-unterstützte zentrale Erstellung aller Arbeitspapiere angestrebt.

6.2.3 Ermitteln des Soll-Zustands für den organisatorischen Informationsfluß

Der **d r i t t e S c h r i t t** umfaßt die Ermittlung des **S o l l - Z u s t a n d s** für den organisatorischen Informationsfluß der kurzfristigen Fertigungssteuerung. Die hierzu mit dem Fragebogen erhobenen Bestimmungsgrößen werden im weiteren Verlauf des Auswahldialogs vom Programm bei Bedarf abgefragt.

Für die Ermittlung des Soll-Zustands der Teilfunktion Erfassung wird zuerst der Informationsanfall in der Teilefertigung berechnet.

6.2.3.1 Teilfunktion "Erfassung"

Zur B e r e c h n u n g d e s I n f o r m a t i o n s a n - f a l l s in der Teilfunktion Erfassung wird die in Kapitel 4.4.3 erstellte Gleichung (5) zugrunde gelegt. Diese Gleichung gilt für einen Fertigungsauftrag. Für die Berechnung des gesamten Informationsanfalls in der Fertigung ist die Gleichung mit der Gesamtzahl der abgearbeiteten Fertigungsaufträge (Q) zu multiplizieren. Man erhält somit folgendes Zwischenergebnis (IA1) für den Informationsanfall:

$$IA1 = Q(a \cdot MV + e \cdot WV + p \cdot PB + m \cdot MB + w \cdot WB + g \cdot AT$$
$$+ k \cdot K + t \cdot T + l \cdot L + Z) \qquad \text{Datensätze/Schicht} \qquad (15)$$

$IA1$ - Informationsanfall je Schicht (Zwischenergebnis)
Q - Anzahl der abgearbeiteten Fertigungsaufträge je Schicht
Z - Störungsmeldungen je Fertigungsauftrag

Unter Berücksichtigung der Parameter Y1, Y, ARPL und SCHI ergibt sich folgende Gleichung des gesamten Informationsanfalls (IA_{ges}) in der Fertigung. Dieser Wert entspricht der Anzahl der in der Fertigung zu erfassenden Datensätze je Tag.

$$IA_{ges} = \left[\frac{IA1}{Y1} + Y \cdot ARPL \right] SCHI \qquad \text{Datensätze/Tag} \qquad (16)$$

IA_{ges} - Anzahl der in der Fertigung zu erfassenden Datensätze je Tag

IA1   - Informationsanfall je Schicht (Zwischenergebnis)

Y1   - zusammengefaßte Arbeitsvorgänge für eine Rückmeldung

Y   - Rückmeldung begonnener Arbeitsvorgänge bei Arbeitsende und/oder bei Arbeitsbeginn
(Y = 0: "nein"; Y = 1: "oder"; Y = 2: "und")

ARPL   - Anzahl der Arbeitsplätze in der Teilefertigung

SCHI   - Anzahl der Schichten.

Der untersuchte Betrieb bearbeitet in der Teilefertigung täglich an 350 Arbeitsplätzen durchschnittlich 120 Fertigungsaufträge mit durchschnittlich 6 Arbeitsvorgängen. Mit den Gleichungen (15) und (16) ergibt sich der gesamte Informationsanfall (IA_{ges}):

$$IA_{ges} = 1056 \text{ Datensätze/Tag}$$

Durch die Multiplikation der Anzahl von Datensätzen mit der Anzahl der enthaltenen Zeichen (ZEI) erhält man die Gesamtzahl der zu erfassenden Zeichen je Monat (IAZM). Dabei werden pro Monat 21 Arbeitstage zugrunde gelegt. Mit der veränderbaren Anzahl der Zeichen je Datensatz lassen sich variable Satzlängen bei der Berechnung des Informationsanfalls berücksichtigen.

$$IAZM = IA_{ges} \cdot ZEI \cdot 21 \qquad \text{Zeichen/Monat} \qquad (17)$$

Dies entspricht im Anwendungsbeispiel einem monatlichen Informationsanfall von 887 000 Zeichen.

Zur Berechnung der D a t e n d i c h t e (DADM) benötigt man den Informationsanfall in der Teilefertigung (IAT). Dieser läßt sich aus dem Zwischenergebnis (IA1) und dem gesamten Informationsanfall (IA_{ges}) ableiten, indem man den entsprechenden Teil aus Gleichung (15) in Gleichung (16) einsetzt:

$$IAT = \left\{ \left[g \cdot AT(R+1) + Z1 \right] \frac{Q}{Y1} + Y \cdot ARPL \right\} SCHI \quad \text{Datensätze/Tag} \quad (18)$$

Mit der Produktionsfläche in der Teilefertigung (PRFL) und dem Informationsanfall in diesem Bereich errechnet sich die Datendichte je Monat (DADM) wie folgt:

$$DADM = \frac{IAT}{PRFL} \cdot ZEI \cdot 21 \qquad \frac{Zeichen}{Fläche \cdot Monat} \qquad (19)$$

DADM - Datendichte in der Teilefertigung/Monat
IAT - Informationsanfall in der Teilefertigung
PRFL - Produktionsfläche in der Teilefertigung
ZEI - Anzahl der Zeichen/Datensatz.

Die Datendichte bezieht sich im Gegensatz zur Gesamtdatenmenge nur auf die Teilefertigung, da in diesem Teilbereich das Verfahren erläutert wird.

Für die Datendichte (DADM) im Untersuchungsbereich ergibt sich im Anwendungsbeispiel entsprechend den Gleichungen (18) und (19):

$$DADM = 15,7 \quad \frac{Zeichen}{m^2 \cdot Monat}$$

Die bisher ermittelten Zwischenergebnisse sind Bestimmungsgrößen zur Festlegung des Automatisierungs- und Dezentralisierungsgrads in der Teilfunktion Erfassung.

Die erste Programmentscheidung wird anhand des F e r t i - g u n g s t y p s getroffen. Nach /63/ entscheiden die Betriebsgröße und die Merkmale der Fertigung über die Art des benötigten Informationssystems zur kurzfristigen Fertigungssteuerung, wobei die Merkmale der Fertigung einen weit stärkeren Einfluß haben.

Für den Fertigungstyp der E i n z e l - u n d K l e i n - s e r i e n f e r t i g u n g errechnet das Programm eine durchschnittliche Auftragsbearbeitungszeit je Fertigungsauftrag und Arbeitsplatz (AZEI). Dieser Wert gibt an, wie oft von einem Arbeitsplatz aus je Schicht eine Rückmeldung erfolgt. Dabei werden folgende Zeitbereiche unterschieden:

a) AZEI < 1h :   Minutenbereich (AVOD = 0)
b) AZEI > 1h ≤ 8h: Stundenbereich (AVOD = 1)
c) AZEI > 8h :   Tagesbereich (AVOD = 2)

Im ersten Schritt wird die durchschnittliche Anzahl abgearbeiteter Arbeitsvorgänge je Schicht (V_{ges}) berechnet.

$$V_{ges} = Q \cdot V \qquad \frac{\text{Anzahl Arbeitsvorgänge}}{\text{Schicht}} \qquad (20)$$

V_{ges} - durchschnittliche Anzahl abgearbeiteter
Arbeitsvorgänge/Schicht

Q - Anzahl abgearbeiteter Fertigungsaufträge/Schicht

V - Anzahl der Arbeitsvorgänge je Fertigungsauftrag.

Durch die Division mit der Anzahl der Arbeitsplätze in der Teilefertigung (ARPL) erhält man die durchschnittliche Anzahl abgearbeiteter Arbeitsvorgänge je Arbeitsplatz und Schicht (VARP).

$$VARP = \frac{V_{ges}}{ARPL} \qquad \frac{\text{Anzahl Arbeitsvorgänge}}{\text{Arbeitsplatz und Tag}} \qquad (21)$$

Die Verknüpfung von VARP, Y1 und AZET ergibt die durchschnittliche Auftragsbearbeitungszeit je Fertigungsauftrag und Arbeitsplatz (AZEI).

$$AZEI = Y1 \cdot \frac{AZET}{VARP} \qquad \frac{\text{Stunden}}{\text{Fertigungsauftrag und Arbeitsplatz}} \qquad (22)$$

AZEI - durchschnittliche Auftragsbearbeitungszeit/
Fertigungsauftrag und Arbeitsplatz

Y1 - zusammengefaßte Arbeitsvorgänge für eine
Rückmeldung

AZET - Arbeitszeit/Arbeitsplatz und Schicht

VARP - durchschnittliche Anzahl abgearbeiteter
Arbeitsvorgänge/Arbeitsplatz und Schicht.

Der Vergleich des errechneten Wertes von AZEI mit den festgelegten Zeitbereichen bestimmt den Wert von AVOD. Durch die Eingabe verschiedener Arbeitszeitbereiche lassen sich zukünftig denkbare kürzere Arbeitszeiten berücksichtigen.

Bei der G r o ß s e r i e n - und M a s s e n f e r t i - g u n g werden die Zeitbereiche aufgrund der Fertigungsstruktur wie folgt abgegrenzt:

a) AZET $> 1h \leq 8h$: Stundenbereich (AVOD = 1)

b) AZET $> 8h \leq 5$ Tage : Tagesbereich (AVOD = 2)

c) AZET > 5 Tage ≤ 4 Wochen : Wochenbereich (AVOD = 3)

d) AZET > 4 Wochen : Monatsbereich (AVOD = 4)

Der Minutenbereich wird bei diesem Fertigungstyp wegen der in
der Regel zu fertigenden großen Stückzahlen eines Teils nicht
berücksichtigt.

Die Auftragsbearbeitungszeit für den Bereich der Großserien-
und Massenfertigung muß der Benutzer selbst ermitteln. Eine Berechnung analog zur Einzel- und Kleinserienfertigung bietet
sich nicht an, da das Rückmeldewesen eine andere Sturktur aufweist. Hier ist die Rückmeldung eines jeden Arbeitsvorgangs
bzw. Fertigungsauftrags in der Regel nicht erforderlich.

Im Anwendungsbeispiel ergibt sich für die Anzahl der Arbeitsvorgänge je Schicht (Gleichung (20)):

$$V_{ges} = 720 \text{ Arbeitsvorgänge/Schicht}$$

sowie für die durchschnittlich abgearbeiteten Arbeitsvorgänge je Arbeitsplatz und Schicht (Gleichung (21)):

VARP = 1,36 Arbeitsvorgänge/Arbeitsplatz und Schicht.

Mit Gleichung (22) erhält man eine durchschnittliche Auftragsbearbeitungszeit je Fertigungsauftrag und Arbeitsplatz (AZEI) von

$$AZEI = 17,67 \quad \frac{\text{Stunden}}{\text{Arbeitsplatz} \cdot \text{Tag}}$$

Vom Programm wird aus den drei definierten Zeitbereichen
AZEI der Tagesbereich (AVOD = 2) ausgewählt. Damit steht
das erste Zwischenergebnis zur Bestimmung des notwendigen
Terminierungsintervalls sowie der erforderlichen Systemebenen und EDV-Einsatzstufen der Erfassung und Vorverarbeitung fest.

Im folgenden werden Kriterien, die sich zur Ermittlung geeigneter Terminierungszyklen und zur Festlegung des Automatisie-
rungs- und Dezentralisierungsgrades eignen, miteinander verknüpft. Die Kriterien

- Anzahl von Kundenaufträgen in der Fertigung,
- Stufigkeit der Produkte,
- Breite des Erzeugnisspektrums und
- Ähnlichkeit der hergestellten Produkte

werden mit folgender Gleichung aufsummiert:

KSSP = KUNA + STU + SPEK + PROD   (23)

    KSSP - Summenkriterium von:
    KUNA - Anzahl von Kundenaufträgen in der Fertigung
    STU - Stufigkeit der Produkte
    SPEK - Breite des Erzeugnisspektrums
    PROD - Ähnlichkeit der hergestellten Produkte.

Danach erfolgt eine Einteilung in folgende Klassen:

    - KSSP $<$ 6: Klasse A (KLAS = 0)
    - KSSP = 6: Klasse B (KLAS = 1)
    - KSSP $>$ 6: Klasse C (KLAS = 2)

Bei der Klasse A müssen mindestens drei der oben genannten Kriterien die maximale Ausprägung aufweisen. Treten zwei Kriterien mit der maximalen und zwei mit der minimalen Ausprägung
auf, so ergibt sich die Klasse B. Bei überwiegend minimaler
Ausprägung wird die Klasse C zugeordnet.

Die Kombination der Ausprägungen dieser Kriterien sind in Bild
40 dargestellt. Weiter ist in diesem Bild das Kriterium A u f -
l a g e d a u e r , also die Zeit, die zur gesamten Bearbeitung
eines Auftrages erforderlich ist, berücksichtigt. Mit der Verknüpfung der einzelnen Ausprägungen wird ein geeignetes Intervall zur Kapazitätsterminierung festgelegt. Dieses Intervall
und die Eigenschaftsprofile der Systemmodelle (vgl. Kap. 3.3.2)
dienen zur weiteren Festlegung des Automatisierungs- und Dezentralisierungsgrades.

Die in Bild 40 festgelegten Terminierungsintervalle und die
geeigneten Erfassungsebenen und -stufen sind im Programm enthalten. Dabei wurden nicht alle möglichen Lösungen, sondern nur
die geeigneten berücksichtigt. Treten während des Programmab-
laufs Kriterien auf, die höhere Anforderungen an die Teilfunktion Erfassung stellen, dann wird geprüft, ob die ausgewählte
Lösung diese Anforderungen noch erfüllt.

Die Ausprägungen der Kriterien legen innerhalb des Bildes 40
einen Platz bzw. eine laufende Nummer (linke Spalte des Bildes)
fest. Die dieser Nummer zugeordneten Festlegungen sind im Pro-

Column groups of the table below:
- **Ø Auftragsbearbeitungszeit je Arbeitsplatz — Bereich:** Min, Std., Tage
- **Auflagedauer:** bis 6 Wochen, über 6 Wochen
- **Ausprägung von Einflußgrößen — Klasse:** A, B, C
- **Umplanungen pro Woche:** viel, wenig
- **Feinplanungen pro Woche:** 5, 2, 1, <1
- **Erfassung:** Systemebene (b, c, d), EDV-Einsatzstufe (0, 1, 2)
- **Vorverarbeitung:** keine, EDV-Einsatzstufe (1, 2)

Lfd. Nr.	Min	Std.	Tage	bis 6 Wochen	über 6 Wochen	A	B	C	viel	wenig	5	2	1	<1	b	c	d	0	1	2	keine	1	2
1	X			X		X			X		●					○	●			●	○		○
2	X			X		X				X	●					○	●			●	○		○
3	X			X			X		X		●					○	●			●	○		○
4	X			X			X			X	●	○				○	●			●	○		○
5	X			X				X	X		●	○				○	●			●	○		○
6	X			X				X		X	●	○				○	●			●	○		○
7	X				X	X			X		●	○				○	●			●	○		○
8	X				X	X				X	●	○				○	●			●	○		○
9	X				X		X		X		○	●				●	○		○	●	○		●
10	X				X		X			X	○	●				●	○		○	●	○		●
11	X				X			X	X		○	●				●		○	○		○		●
12	X				X			X		X	○	●				●		○	○		○		○
13		X		X		X			X		○	●				○	●	●	○		○		●
14		X		X		X				X	○	●				○	●	●	○		○		●
15		X		X			X		X		○	●				○	○	●			○		○
16		X		X			X			X	○	●				○	○	●			○		○
17		X		X				X	X		○	●				○	○	●			○	●	●
18		X		X				X		X		○	●			●	○	●			○		
19		X			X	X			X		○	●				○	●	●	○		○		●
20		X			X	X				X		●	○			○	●	●	○		○		●
21		X			X		X		X			●	○			○	○	●			○		○
22		X			X		X			X		○	●			●	○	●	○		○	○	
23		X			X			X	X			●	○		○	●		●	○		○	○	
24		X			X			X		X		●			○	●	○	●			○	○	
25			X	X		X			X			○	●			●		○	●		○	●	
26			X	X		X				X		●			○	●			●		○	●	
27			X	X			X		X			○	●		○	○			●		○	●	
28			X	X			X			X		●			○	○			●		○	●	
29			X	X				X	X			○	●		●	○		○	●		○		
30			X	X				X		X		●			●	○		○	○		○		
31			X		X	X			X			○	●		○	●			●		○	●	
32			X		X	X				X		●			○	●			●		○	●	
33			X		X		X		X			●	○		○	○		○	○		○	●	
34			X		X		X			X		○	●		○	○		○	○		○	●	
35			X		X			X	X			●	○	●				●	○		○		
36			X		X			X		X		○	●	●				●	○		○		

● Soll - Eigenschaft
○ alternative Eigenschaft

Bild 40: Geeignete Feinplanungsintervalle und Systemelemente zur Erfüllung zeitlicher Anforderungen

gramm auf eindimensionalen Feldern (FELD · (SPPL)) abgespei-
chert. Der entsprechende Speicherplatz (SPPL) läßt sich mit folgender Formel ermitteln:

$$\text{SPPL} = \text{AVOD} \cdot 12 + \text{AUFD} \cdot 6 + \text{KLAS} \cdot 2 + \text{UMPL} \cdot 1 + 1 \qquad (24)$$

    SPPL - Speicherplatz (Teilfunktion "Erfassung")
    AVOD - Arbeitsvorgangsdauer
    AUFD - Auflagedauer
    KLAS - Klasse der kombinierten Kriterien
    UMPL - Häufigkeit von Umplanungen.

Mit der Bestimmung dieses Speicherplatzes liegt der Automati-
sierungs- und Dezentralisierungsgrad für das Systemelement der
Teilfunktion Erfassung fest. In diesem Ergebnis sind die zeitlichen Anforderungen (Terminierungsintervall) sowie die sich
daraus für die Erfassung ergebenden Bedingungen bzw. Eigenschaften berücksichtigt. Die oben beschriebenen Festlegungen
können im Detail anhand des Programmablaufplans im Anhang 4
nachvollzogen werden.

In dem betrachteten Anwendungsbeispiel wird unter Berücksichtigung der zutreffenden Ausprägung der Einflußgrößen
vom Programm entsprechend Bild 40 ein <u>wöchentlicher Termi-
nierungszyklus</u> vorgeschlagen. Für die Teilfunktion Erfassung ergibt sich daraus die EDV-Einsatzstufe 1 (off-line)
in der Steuerungsebene. Ein Vergleich der gesamten Erfassungsleistung in dieser Ebene (EGE = 855 950 Zeichen/Mo-
nat) mit der anfallenden Zeichenmenge (IAZM = 887 000
Zeichen/Monat) bewirkt eine Veränderung des Ergebnisses
für die Teilfunktion Erfassung. Da der Informationsanfall
die Erfassungsleistung übersteigt, wird die Erfassung in
die nächste Ebene dezentralisiert, so daß folgendes Ergebnis festliegt:
<u>Erfassung mit EDV-Einsatzstufe 2 (off-line) in der Sy-
stemebene c (Werkstattführungsebene)</u>

Aufbauend auf dem Systemelement der Teilfunktion Erfassung erfolgt im weiteren die Bestimmung der Teilfunktionen Vorverarbeitung, Verarbeitung und Ausgabe.

6.2.3.2   <u>Teilfunktionen "Vorverarbeitung" und "Verarbeitung"</u>

Die Gestaltung der Teilfunktion Vorverarbeitung wird sowohl von
dem Festlegungsergebnis der Teilfunktion Erfassung als auch vom
Ist- bzw. Soll-Zustand der Teilfunktion Verarbeitung beeinflußt.
So muß z.B. die notwendige EDV-Unterstützung mit steigendem
Automatisierungsgrad der Erfassung zunehmen. Weiter bestimmt
die vorhandene EDV-Konfiguration den geeigneten Automatisierungsgrad der Verarbeitung und damit der Vorverarbeitung.

Aussagen über die Notwendigkeit, bestehende EDV-Konfigurationen
um zusätzliche Rechner zu erweitern, sind im Rahmen des Auswahlverfahrens nicht möglich, da bei einer solchen Investition zahlreiche betriebsspezifische Randbedingungen zu berücksichtigen
sind, wie z.B.:

- Kapazität der vorhandenen EDV-Konfiguration
- Ausbaufähigkeit dieser Konfiguration
- Kosten eines zusätzlichen Rechners
  (Wirtschaftlichkeitsbetrachtung)
- Integrationsmöglichkeit dieses Rechners
  (Rechnerhierarchie).

Daher sind an dieser Stelle im Programm zwei Alternativen wähl-
bar. Entweder legt der Anwender die Teilfunktion Verarbeitung
entsprechend seinen Wünschen fest oder das Programm übernimmt
die Angaben über die vorhandene EDV-Konfiguration und bestimmt
daraus die Automatisierungsstufe in der Verarbeitung. Dabei werden beim Einsatz einer bzw. mehrerer EDV-Anlagen folgende Automatisierungsstufen unterschieden:

- Verarbeitung off-line und/oder
- Verarbeitung on-line.

Bei mehreren vorhandenen Rechnern findet die Verarbeitung in
der Regel in verschiedenen Ebenen statt (z.B. Dialogverarbei-
tung in der Steuerungsebene und Stapelverarbeitung in der Planungsebene). Die Rechner können in diesem Fall off-line oder
on-line miteinander in Verbindung stehen.
Die im einzelnen durch das Programm vorgenommenen Auswahl-
schritte zur Bestimmung der Teilfunktionen Vorverarbeitung und
Verarbeitung sind ebenfalls aus dem Programmablaufplan ersichtlich (vgl. Anhang 4). Mit der Festlegung dieser Teilfunktionen

steht der Systemvorschlag bis auf die Teilfunktion Ausgabe
fest.

Aufgrund der Dezentralisierung der Erfassung kommen im
Anwendungsbeispiel für die <u>Vorverarbeitung</u> zwei Alternativen in Frage. Da im Anwendungsfall von seiten des Unternehmens keine eindeutige Entscheidung für bzw. gegen
eine Alternative getroffen wurde, besteht die Möglichkeit, entweder auf eine Vorverarbeitung zu verzichten
oder eine Vorverarbeitung in der Steuerungsebene mit der
EDV-Einsatzstufe 2 (on-line/batch) vorzunehmen.

Der bereits vorhandene Planungsrechner legt den Automatisierungsgrad in der <u>Verarbeitung</u> fest. Es ergibt sich
zwangsläufig die <u>Verarbeitung in der Planungsebene mit
der EDV-Einsatzstufe 1 (off-line)</u>.

6.2.3.3 <u>Teilfunktion "Ausgabe"</u>

Zu Beginn der Festlegung der Teilfunktion Ausgabe ordnet das
Programm dem erhobenen Ist-Zustand die entsprechende Ausgabekombination der Terminierung, Belegerstellung und Zuteilung zu
(vgl. Bild 18).

Zuerst wird festgelegt, ob die F e i n t e r m i n i e r u n g
mit oder ohne EDV-Unterstützung erfolgen soll. Dazu werden,
wie auf der Erfassungsseite, Kombinationen von Kriterien gebil-
det (siehe Bild 41).

Diese Kombinationen sind durch ihre getrennte Speicherung ein-
zeln ansprechbar. Die Berechnung eines solchen Speicherplatzes
erfolgt nach folgender Gleichung:

$$SPL = TERM \cdot 16 + ABPL \cdot 8 + FEAM \cdot 4 + AUPL \cdot 2 + TERB \cdot 1 + 1$$

(25)

        SPL - Speicherplatz (Teilfunktion "Ausgabe")
        TERM - Terminierungsintervall
        ABPL - Arbeitsplanerstellung mit EDV (ABPL = 0: "ja";
               ABPL = 1: "nein")
        FEAM - Anzahl einzuplanender Fertigungsaufträge/Monat
               (FEAM = 0: "hoch"; FEAM = 1: "niedrig")

AUPL - Außerplanmäßigkeiten bei der Zuteilung
(AUPL = 0: "häufig"; AUPL = 1: "selten")

TERB - Terminierungsbasis (TERB = 0: "Einzelarbeits-
platz/Maschinengruppe"; TERB = 1: "Werkstatt-
bereich").

Lfd. Nr.	Terminierung (Soll)		Arbeitsplanerstellung (Ist)		Fertigungsaufträge pro Monat		Außerplanmäßigkeiten pro Woche		Terminierungsbasis		Terminierung mit EDV	
	1x/Woche	<1x/Woche	mit EDV	ohne EDV	viel	wenig	viel	wenig	Arbeitsplatz/Maschinengruppe	Werkstattbereich	ja	nein
1	X		X		X		X		X		X	
2	X		X		X		X			X	X	
3	X		X		X			X	X		X	
4	X		X		X			X		X	X	
5	X		X			X	X		X		X	
6	X		X			X	X			X	X	
7	X		X			X		X	X		X	
8	X		X			X		X		X	X	
9	X			X	X		X		X		X	
10	X			X	X		X			X	X	X
11	X			X	X			X	X		X	
12	X			X	X			X		X	X	X
13	X			X		X	X		X		X	X
14	X			X		X	X			X	X	X
15	X			X		X		X	X		X	X
16	X			X		X		X		X	X	X
17		X	X		X		X		X		X	
18		X	X		X		X			X	X	
19		X	X		X			X	X		X	
20		X	X		X			X		X	X	
21		X	X			X	X		X		X	
22		X	X			X	X			X	X	
23		X	X			X		X	X		X	
24		X	X			X		X		X	X	
25		X		X	X		X		X		X	
26		X		X	X		X			X	X	X
27		X		X	X			X	X		X	X
28		X		X	X			X		X	X	X
29		X		X		X	X		X		X	X
30		X		X		X	X			X		X
31		X		X		X		X	X		X	X
32		X		X		X		X		X		X

Bild 41: Entscheidungstabelle zur Ermittlung der Notwendigkeit einer EDV-unterstützten Terminierung

Das Terminierungsintervall wurde bereits bei der Bestimmung
der Teilfunktion Erfassung festgelegt und steht damit zur Verfügung. Aus Bild 41 ergeben sich für die Feinterminierung folgende Möglichkeiten:

- Feinterminierung EDV-unterstützt
- Feinterminierung manuell
- Feinterminierung manuell und EDV-unterstützt.

Die Feinterminierung wird EDV-unterstützt vorgesehen, wenn aufgrund der betrieblichen Anforderungen die Notwendigkeit und Be-
reitschaft zur Einführung eines Terminierungsprogrammes besteht.
Wird im Ist-Zustand die Feinterminierung bereits EDV-unterstützt durchgeführt, dann wird dieser Programmteil übersprun-
gen.

Die B e l e g e r s t e l l u n g kann grundsätzlich zentral
oder dezentral, EDV-unterstützt oder konventionell durchgeführt
werden. Eine geeignete Art der Belegerstellung liegt bereits
fest, wenn im Ist-Zustand die Feinterminierung EDV-unterstützt
durchgeführt wird. In diesem Fall wird auch von e i n e r EDV-unterstützten Belegerstellung ausgegangen.

Bei einer bisher konventionellen Belegerstellung bzw. Feinterminierung bestimmt das Programm den geeigneten Automatisierungsgrad. Es wird eine EDV-unterstützte Belegerstellung festgelegt,
wenn zumindest eines der beiden Kriterien

- Durchführung der Arbeitsvorbereitung (Ist oder Soll)
  mit EDV?
- Soll eine Belegerstellung auf Abruf möglich sein?

zutrifft. Weiter gibt das zu erstellende Zeichenvolumen den
Ausschlag. Bei einem geringen Zeichenvolumen erscheint eine
konventionelle Belegerstellung als ausreichend.

Die Ergebnisse der Feinterminierung und Belegerstellung dienen
im weiteren zur Festlegung der Z u t e i l u n g . Die Entscheidung über den Dezentralisierungsgrad bzw. die Ebene der
Dispositionskompetenz fällt dabei unabhängig vom Automatisierungsgrad der Zuteilung dem Anwender zu, da dies in hohem Maße
von der vorhandenen Ablauforganisation und von betriebsspezifischen Randbedingungen abhängt.

Falls eine zentrale Belegerstellung mit oder ohne EDV-Unterstützung und eine Feinterminierung ohne EDV ausreicht, kommt
aufgrund der Verträglichkeit (vgl. Bild 18) eine konventionelle Zuteilung in Betracht. Nach der Entscheidung über die zentrale oder dezentrale Dispositionskompetenz liegt damit die
entsprechende Ausgabekombination bereits fest.

Bei einer EDV-unterstützten Belegerstellung und Feinterminierung bietet sich für die Zuteilung ebenfalls eine EDV-unterstützte Lösung an. Für den Automatisierungs- und Dezentralisierungsgrad ergeben sich folgende Möglichkeiten:

- Zuteilung off-line (Stufe 1), zentral;
- Zuteilung on-line (Stufe 2), zentral/dezentral;
- Zuteilung real-time (Stufe 3), zentral/dezentral.

Eine Off-line-Zuteilung ergibt sich, wenn eine Belegerstellung
auf Abruf aus der Sicht des Anwenders nicht erforderlich ist.
Dabei wird unter Belegerstellung auf Abruf verstanden, daß diese Belegerstellung zu einem beliebigen Zeitpunkt möglich sein
muß. Zur Realisierung dieser Anforderung ist eine On-line-Zu-
teilung erforderlich. Der Dezentralisierungsgrad bei einer On-
line-Zuteilung richtet sich nach der vom Anwender geforderten
Dezentralisierung der Belegerstellung.

Ein dialogfähiges Ausgabesystem, also eine "Real-time-Zuteilung", wird unter folgenden Bedingungen vorgeschlagen:

- häufige Berücksichtigung von Kundenwünschen in der
  Fertigungsphase _und_
- Forderung einer Belegerstellung auf Abruf _und_
- bereits festgelegte On-line Erfassung und -Vor-
  verarbeitung.

Nach der Festlegung der Zuteilung bzw. Ausgabe erfolgt innerhalb dieser Teilfunktion ein Vergleich der Soll-Ausgabekombi-
nation mit der Ist-Ausgabekombination. Sollte die Ausgabekombination des Ist-Zustandes hinsichtlich des Automatisierungs-
und Dezentralisierungsgrades bereits weiter entwickelt sein als
die Ausgabekombination des Soll-Zustandes, dann übernimmt das
Programm diesen Ist-Zustand.

Anschließend wird ein Abgleich zwischen den ermittelten Systemelementen der Ausgabe und den Systemelementen der Erfassung,
Vorverarbeitung und Verarbeitung vorgenommen. Die Verträglichkeit dieser restlichen Systemelemente untereinander wurde bereits bei ihrer Bestimmung berücksichtigt. Der Abgleich erfolgt
anhand der in Bild 19 enthaltenen verträglichen Kombinationen.
Die bedingt verträglichen Kombinationen werden vom Programm
nicht berücksichtigt. Wenn sich bei dem Abgleich eine Verträglichkeit ergibt, ist das Systemmodell bestimmt. Falls die Ausgabekombination höher automatisiert ist als die restlichen Systemelemente, wird der Automatisierungsgrad dieser Systemelemente an den der Ausgabe angepaßt. Ist die Ausgabekombination
niedriger automatisiert als die restlichen Systemelemente, wird
der Automatisierungsgrad der Ausgabe an den der restlichen Systemelemente angepaßt.

Bei der Festlegung der Teilfunktion <u>Ausgabe</u> werden auch
im Anwendungsbeispiel die bisher ermittelten Ergebnisse
der anderen Teilfunktionen berücksichtigt. Weiter werden
die in Bild 19 festgelegten Verträglichkeiten der Ausgabe
mit den einzelnen Systemmodellen zugrunde gelegt. Und
schließlich werden die betreffenden Kriterien des Fragebogens mit einbezogen.

Die Verknüpfung der entsprechenden Größen nach Gleichung
(25) ergibt laut Bild 41 die Notwendigkeit einer EDV-unterstützten Terminierung.

Für die Ausgabekombination im Ist-Zustand (Zusammenhang
zwischen Feinterminierung, Belegerstellung und Zuteilung)
ergibt sich eine Off-line-Zuteilung. Die Festlegung der
Feinterminierung und Belegerstellung entfällt, da diese
Funktionen zumindest teilweise bereits EDV-unterstützt ab-
laufen. Für die Zuteilung folgt daraus eine automatisierte Lösung.

Bei der Zuteilung besteht die Anforderung "Dialogbetrieb",
wobei eine Real-time-Zuteilung nicht erforderlich ist. Für
die Ausgabe ergibt sich unter Berücksichtigung der vorge-
sehenen Dispositionskompetenz folgende Festlegung:

- <u>Zuteilung on-line/batch - zentral</u>.

In Verbindung mit der Belegerstellung und Feinterminierung
erhält man für den Soll-Zustand die Ausgabekombination K 3
(vgl. Bild 18). Ein Abgleich des Ist- und Soll-Zustands
innerhalb der Ausgabe ist nicht erforderlich, da der Soll-
Zustand höher automatisiert ist als der Ist-Zustand. Der
Abgleich der Systemelemente untereinander bringt bezüglich
der einzelnen Ergebnisse keine Änderung mit sich, da das
festgelegte Systemelement der Ausgabe mit den restlichen
Systemelementen verträglich ist.

Die ermittelten Ergebnisse des Soll-Zustandes aller Teilfunktionen der kurzfristigen Fertigungssteuerung können
zusammen mit dem geeigneten Terminierungsintervall, der
Terminierungsart sowie dem Ort und der Art der Belegerstellung auf dem Drucker ausgegeben werden. Bild 42 zeigt
das für den organisatorischen Informationsfluß im Anwendungsbeispiel ermittelte Ergebnis als Rechnerausdruck.
Dieser Systemvorschlag entspricht dem Systemmodell 8.1
(vgl. Bild 15.1).

Aus Bild 42 lassen sich zusammengefaßt die nachstehenden
Ergebnisse ableiten:

- Erfassung in Ebene c (Werkstattführungsebene) und
  EDV-Einsatzstufe 2 (on-line/batch)

- keine Vorverarbeitung

- Verarbeitung in Ebene a (Planungsebene) und
  EDV-Einsatzstufe 2 (on-line/batch)

- Ausgabe in Ebene b (Steuerungsebene) und
  EDV-Einsatzstufe 2 (on-line/batch)

- Terminierungsintervall wöchentlich
- Terminierung EDV-unterstützt
- Belegerstellung zentral, EDV-unterstützt
- Gesamtsystem dialogfähig (Real-time-Bereich ausgenommen)

Der Systemvorschlag (Soll-Zustand) erfordert im Vergleich
mit dem Ist-Zustand eine Dezentralisierung der Teilfunktion Erfassung und eine Zentralisierung der Teilfunktion
Ausgabe, wobei sich für das Systemmodell bzw. die Systemelemente ein höherer Automatisierungsgrad ergibt. Aufgrund

```
EDV - SOLLZUSTAND: ORGANISATORISCHER INFORMATIONSFLUSS

###############################################################################################
#          ! 3 #                    !                      !                  !             #    #
#  E       !---#--------------------!----------------------!------------------!-------------#    #
#  D       ! 2 #                    !   2222222222222222222!                  !             # PLANUNGS - #
#  V       !---#--------------------!----------------------!------------------!-------------#    #
#  1       ! 1 #                    !                      !                  !             # E B E N E #
#  -       !---#--------------------!----------------------!------------------!-------------#    #
#          ! 0 #                    !                      !                  !             #    #
#  E       !=========================================================================================#
#          ! 3 #                    !                      !                  !             #    #
#  I       !---#--------------------!----------------------!------------------!-------------#    #
#  2       ! 2 #                    !                      !                  !   2222222222222222222222# STEUERUNGS - #
#  N       !---#--------------------!----------------------!------------------!-------------#    #
#  1       ! 1 #                    !                      !                  !             # E B E N E #
#  S       !---#--------------------!----------------------!------------------!-------------#    #
#          ! 0 #                    !                      !                  !             #    #
#  A       !=========================================================================================#
#          ! 3 #                    !                      !                  !             # WERKSTATT- #
#  T       !---#--------------------!----------------------!------------------!-------------#    #
#  2       ! 2 #2222222222222222222222!                    !                  !             # FUEHRUNGS- #
#  Z       !---#--------------------!----------------------!------------------!-------------#    #
#  1       ! 1 #                    !                      !                  !             # E B E N E #
#  S       !---#--------------------!----------------------!------------------!-------------#    #
#          ! 0 #                    !                      !                  !             #    #
#  T       !=========================================================================================#
#          ! 3 #                    !                      !                  !             #    #
#  U       !---#--------------------!----------------------!------------------!-------------#    #
#  2       ! 2 #                    !                      !                  !             # PROZESS - #
#  F       !---#--------------------!----------------------!------------------!-------------#    #
#  1       ! 1 #                    !                      !                  !             # E B E N E #
#  E       !---#--------------------!----------------------!------------------!-------------#    #
#          ! 0 #                    !                      !                  !             #    #
#=========================================================================================#
#          #   ERFASSUNG  ! VORVERARBEITUNG ! VERARBEITUNG !  AUSGABE  #    #
###############################################################################################
```

TERMINIERUNGSINTERVALL: WOECHENTLICH

TERMINIERUNG MIT EDV

BELEGERSTELLUNG ZENTRAL   MIT EDV

Bild 42: EDV-Soll-Zustand in der kurzfristigen Fertigungssteuerung
         (organisatorischer Informationsfluß)

der Anforderungen an die Erfassung wird ein kürzerer
Terminierungszyklus (wöchentlich) erforderlich, wobei ein
bisher nicht durchgeführter Kapazitätsabgleich bei der
Realisierung des Systems mit einbezogen werden sollte.

6.2.4 Zuordnen der verträglichen Systemmodelle mit technischem Informationsfluß

Nach der Festlegung des Systemmodells für den organisatorischen
Informationsfluß wird i m v i e r t e n S c h r i t t ein
hierzu geeignetes Systemmodell vorgeschlagen, das zusätzlich
die Erfassung und Ausgabe technischer Daten beinhaltet. Auf
eine gesonderte Auslegung eines solchen Systemmodells mit "Maschinendatenerfassung" wird in dieser Arbeit verzichtet, da die
hierbei relevanten Kriterien zu benutzerspezifisch sind.

Zur Z u o r d n u n g e i n e s g e e i g n e t e n S y -
s t e m m o d e l l s m i t M a s c h i n e n d a t e n e r -
f a s s u n g wird im Programm die in Bild 20 dargestellte
Kombinierbarkeit von Systemmodellen mit und ohne Maschinendatenerfassung herangezogen. Das Programm wählt entsprechend dem
für den organisatorischen Informationsfluß festgelegten Systemmodell ein kombinierbares Systemmodell mit Maschinendatenerfassung aus und gibt dieses auf Wunsch ebenfalls auf dem Drucker
aus.

Das verträgliche Systemmodell für das Anwendungsbeispiel
entspricht dem in Kapitel 3.3.1 definierten Systemmodell
10.5 (vgl. Bild 17.1). Damit ist die Möglichkeit einer
Verknüpfung der auftretenden organisatorischen und technischen Informationsflüsse gegeben.

Die im Rahmen der EDV-unterstützten Auswahl eines Systemvorschlags zur kurzfristigen Fertigungssteuerung getrof-
fenen Festlegungen und Ergebnisse wurden dem Unternehmen
vorgelegt und erläutert. Das Unternehmen ist derzeit im
Begriff, den generierten Systemvorschlag zu realisieren.

6.3   Anwendungsaspekte des Programms

Die Vielzahl der Kriterien (vgl. Kriterienkatalog, Anhang 1),
der auszuführenden mathematischen Operationen und die zahlreichen Kombinationsmöglichkeiten verschieden automatisierter Systemelemente in unterschiedlichen betrieblichen Ebenen gaben den
Ausschlag zur L ö s u n g des erarbeiteten Verfahrens m i t
H i l f e   e i n e s   d i a l o g o r i e n t i e r t e n
E D V - P r o g r a m m e s . Dieses Programm verringert den
zeitlichen Aufwand für die Generierung eines Systemvorschlags
zur kurzfristigen Fertigungssteuerung unter Beachtung der beschriebenen Anforderungen. Außerdem sind bei der Durchführung
des Rechnerdialogs im Gegensatz zu einer manuellen Lösung die
grundlegenden Kenntnisse des Auswahlverfahrens nicht erforderlich. Bei zeitlich auseinanderliegenden Anwendungen des Auswahl-
programms fällt somit die jeweilige Einarbeitung in die Thema-
tik des Verfahrens weg. Ein weiterer Vorteil dieses dialogorientierten Verfahrens besteht darin, daß die Auswirkungen auf
einen Systemvorschlag, die sich z.B. durch eine Abänderung
quantitativer Einflußgrößen ergeben, sofort festgestellt und
beurteilt werden können. Diese Auswirkungen wären ohne EDV-Unterstützung nur sehr schwer zu überblicken.

Der G e l t u n g s b e r e i c h umfaßt die gesamte Ferti-
gungsindustrie. Das EDV-Programm ist branchenneutral zur Auswahl
von Systemmodellen für die kurzfristige Fertigungssteuerung einsetzbar. Außerdem werden die verschiedenen betrieblichen Ferti-
gungs- und Organisationstypen berücksichtigt, so daß auch hier
keine Einschränkungen bestehen. Ausgenommen sind rein verfah-
renstechnische Fließprozesse, die einer ausschließlich technischen Prozeßführung unterliegen. Im Rahmen der Fertigungsindu-
strie ist das EDV-Programm speziell auf den Bereich der Teilefertigung zugeschnitten. Der Systemvorschlag als Ergebnis des
Auswahlverfahrens gilt also vorrangig für diesen Bereich, wobei der Informationsanfall der angrenzenden Teilbereiche "Vorbereitung, Bereitstellung, Kontrolle, Transport und Lagerung"
mit berücksichtigt wird.

Das EDV-Programm eignet sich sowohl zur Erstellung eines

- Ist-Konzeptes als auch eines
- Soll-Konzeptes für die kurzfristige Fertigungssteuerung.

Dem I s t - K o n z e p t liegt der im Betrieb bestehende
Ist-Zustand zugrunde. Das EDV-Programm entwirft ein den betrieblichen Randbedingungen entsprechendes Gesamtkonzept möglichst
geringen Aufwands, so daß der Systemvorschlag den betrieblichen Anforderungen des Ist-Zustandes genügt.

Das S o l l - K o n z e p t berücksichtigt zukünftige Veränderungen, z.B. bezüglich des Produkt- und Erzeugnisspektrums
oder der Aufbau- und Ablauforganisation. Bei der Datenerhebung
muß im Gegensatz zum Ist-Zustand der Soll-Zustand ermittelt
werden. Der aufgrund eines Soll-Konzeptes ermittelte Systemvorschlag stellt die Endausbaustufe eines Systems dar, das schrittweise realisiert werden kann. Ein solches Stufenkonzept könnte
z.B. wie folgt aussehen:

      1. Stufe: Erfassung off-line zentral,
                 Ausgabe (Disposition) zentral
      2. Stufe: Erfassung off-line dezentral,
                 Ausgabe (Disposition) zentral
      3. Stufe: Erfassung on-line dezentral,
                 Ausgabe (Disposition) dezentral

Der Automatisierungs- und Dezentralisierungsgrad erhöht sich
in diesem Beispiel von Stufe zu Stufe.

Die Planung einer Neueinführung, Änderung oder Erweiterung
eines Betriebsdatenerfassungs-(BDE-)Systems erfordert viel
Aufwand /64/. Das beschriebene EDV-Programm klärt die Frage des
betriebsspezifisch notwendigen Automatisierungs- und Dezentralisierungsgrades und r e d u z i e r t s o m i t d e n
P l a n u n g s a u f w a n d bei der Abwicklung eines entsprechenden Projektes.

Die Eignung des EDV-Programms ist unabhängig von der Betriebsgröße für folgende Z i e l g r u p p e n gegeben:

      1. Anwender ohne BDE-System
      2. Anwender mit veraltetem BDE-System
      3. Anwender, die ihr BDE-System erweitern bzw. in an-
          dere Informationssysteme integrieren wollen.

Bei den Anwendern ohne BDE-System handelt es sich in der Regel um zukünftige EDV-Benutzer in diesem Bereich. Sie beabsichtigen die Einführung eines BDE-Systems oder befinden sich bereits in der Planungsphase. Für diese Gruppe empfiehlt sich sowohl die Erstellung eines Konzeptes für den Ist-Zustand als auch eines Soll-Konzeptes. Ausgehend vom "Ist-System" kann die Endausbaustufe schrittweise realisiert werden.

Die beiden anderen Zielgruppen verfügen bereits über ein BDE-System, das aber gerätetechnisch oft veraltet ist oder z.B. aus Gründen der Aktualität erweitert werden muß. Bei dieser Zielgruppe bietet es sich an, ausgehend vom Ist-Zustand gleich ein Soll-Konzept zu erstellen.

Für alle oben genannten Zielgruppen kann also je nach Bedarf ein Konzept zur kurzfristigen Fertigungssteuerung erstellt werden, das dem betrieblichen Ist-Zustand oder einem beliebigen Soll-Zustand gerecht wird.

In vielen Unternehmen wird eine Integration bestehender oder geplanter bereichsweiser Informationssysteme angestrebt. Da diese Entwicklung in den kommerziellen Unternehmensbereichen und in den längerfristigen Planungsbereichen vielfach bereits abgeschlossen ist, verlagert sich der Schwerpunkt des Interesses immer mehr auf den kurzfristigen Steuerungsbereich. Dieser Integrationsaspekt gewinnt durch die gegenwärtigen und zukünftigen Entwicklungen auf dem Gebiet der Informationsverarbeitung zunehmend an Bedeutung. Dagegen fehlen praxisorientierte Hilfsmittel, die es ermöglichen, den Bereich der kurzfristigen Fertigungssteuerung so zu gestalten, daß er den bestehenden und zukünftigen Anforderungen gerecht werden kann.

In dieser Arbeit werden Hilfsmittel vorgestellt, die eine Beantwortung der Fragen ermöglichen, nach welchen Methoden die kurzfristige Fertigungssteuerung geschehen soll, welche Schritte zu einem integrierten Informationssystem in diesem Bereich angebracht sind, und bis zu welcher Automatisierungs- und Dezentralisierungsstufe die betrieblichen Anforderungen einen EDV-Einsatz notwendig machen. Die Erarbeitung dieser Hilfsmittel gliedert sich in drei Teile:

1. Erstellen von Systemmodellen zur kurzfristigen Fertigungssteuerung. Diese Systemmodelle sind durch einen zunehmenden Automatisierungs- und Dezentralisierungsgrad ihrer Teilfunktionen Erfassung, Vorverarbeitung, Verarbeitung und Ausgabe gekennzeichnet. Die verschiedenen Systemmodelle werden anhand ihrer Eigenschaften und Leistungsmerkmale vergleichend betrachtet.

2. Ermittlung von Anforderungen an ein System zur kurzfristigen Fertigungssteuerung. Ausgehend vom Informationsgeschehen der gesamten Produktionsplanung und -steuerung werden schrittweise die Anforderungen an ein System zur kurzfristigen Fertigungssteuerung abgeleitet. Die dazu entwickelten Hilfsmittel dienen neben der Gewinnung von Eingangsgrößen für die Auswahl eines geeigneten Systemmodells der qualita-

tiven Untersuchung von Informationsflüssen zur Beseitigung
bestehender Schwachstellen und zur aufgabengerechten Gestaltung von Informationssystemen.

3. Verfahren zur Auswahl eines Systemmodells für die kurzfristige Fertigungssteuerung.
Mit Hilfe eines EDV-unterstützten Verfahrens wird in einem
beliebigen betrieblichen Anwendungsfall die Auswahl jenes
Systemmodells möglich, das die bestehenden betriebsspezifischen Anforderungen am besten erfüllt. Ein solcher Systemvorschlag beschreibt den Soll-Zustand der kurzfristigen Fertigungssteuerung durch einen aufgrund der Anforderungen notwendigen Grad der Automatisierung und Dezentralisierung. Dieses Auswahlverfahren wird bei einem Anwendungsfall in der Praxis eingesetzt.

Als Weiterführung dieser Arbeit wäre der Versuch denkbar, der
umfassend vorgenommenen Untersuchung der Anforderungsseite und
des aufgrund dieser Anforderungen ermittelten Systemvorschlags
zur kurzfristigen Fertigungssteuerung eine Kosten- und Wirtschaftlichkeitsbetrachtung folgen zu lassen. Dazu müßte über
eine Bewertung der Informationskosten hinaus eine praktikable
Vorgehensweise zur Ermittlung des Nutzens mehr oder weniger
aktueller Informationen entwickelt werden.

/1/   Warnecke, H.-J.; Bullinger, H.-J.; Rabus, G.:
Steuerungsgrenzen - Planungslücken. Computerwoche
(1979) H. 32, S. 6.

/2/   Helber, C.: Wann bringt der "Dialog" Produktionsanwendungen weiter? Online-adl-nachrichten 17 (1979)
H. 9, S. 671-672.

/3/   Warnecke, H.-J.: Kapazität auf Abruf? Manager-Magazin
(1979) H. 9, S. 117.

/4/   Eversheim, W.; Schaefer, F.-W.: Flexibilität in der Produktion - eine Voraussetzung zur Sicherung der Wettbewerbsfähigkeit von Unternehmen. VDI-Z. 121 (1979)
H. 10, S. 463-470.

/5/   Vetter, H.O.: Interview zu Problemen der Rationalisierung. Fortschrittliche Betriebsführung und Industrial
Engineering 28 (1978) H. 2, S. 75-76.

/6/   Warnecke, H.-J.; Bullinger, H.-J.: Arbeitswissenschaftliche Aspekte neuer Produktionsstrukturen. ZwF - Zeitschrift für wirtschaftliche Fertigung 74 (1979) H. 6,
S. 282-290.

/7/   Bullinger, H.-J.; Kölle, J.; Scheiber, R.E.: Organisatorische Anpassung bei neuen Arbeitsformen in der
Produktion - dargestellt am Beispiel der Fertigungssteuerung.
Teil 1: Arbeitsvorbereitung 16 (1979) H. 3, S. 89-95.
Teil 2: Arbeitsvorbereitung 16 (1979) H. 4, S. 121-126.

/8/   Kölle, J.; Scheiber, R.E.; Weber, G.: Entwicklung von
Konzeptionen zur Fertigungssteuerung bei neuen Arbeitsstrukturen. REFA-Nachrichten 32 (1979) H. 3,
S. 165-170.

/9/   Weber, G.: Flexible Arbeitszeitmodelle im Produktionsbe-
         reich. Vortragsmanuskript zum VDI-Seminar "Betriebs-
         datenerfassung - eine Schlüsselfunktion im betriebli-
         chen Informationssystem" Stuttgart: 22.-24.10.1979.

/10/   Grob, R.; Haffner, H.: Planungsleitlinien zur Arbeits-
         strukturierung. REFA-Nachrichten 32 (1979) H. 3,
         S. 157-164.

/11/   Moll, H.H.: Zeitgerechte Arbeitsgestaltung. VDI-Z. 121
         (1979) H. 10, S. 459-462.

/12/   Warnecke, H.-J.; Bullinger, H.-J.; Kölle, J.: Strate-
         gien der Produktionsplanung und -steuerung bei kriti-
         schen Situationen. Management-Zeitschrift iO 47
         (1978) H. 12, S. 546-553.

/13/   Wacker, W.H.: Betriebswirtschaftliche Informationstheo-
         rie. Opladen: Westdeutscher Verlag 1971.

/14/   Thome, R.: Produktionskybernetik: Informationsfluß zur
         Steuerung und Regelung von Produktionsprozessen.
         Berlin: Erich Schmidt Verlag 1976.

/15/   Kunerth, W.: Konzeption eines EDV-gestützten Fertigungs-
         steuerungssystems. Berlin, Köln: Beuth-Verlag 1976.

/16/   Ellinger, T.; Wildemann, H.: Planung und Steuerung der
         Produktion aus betriebswirtschaftlich-technologischer
         Sicht. Wiesbaden: Betriebswirtschaftlicher Verlag
         Dr. Th. Gabler 1978.

/17/   o.V.: Elektronische Datenverarbeitung bei der Produk-
         tionsplanung und -steuerung VI (T 77). Begriffszu-
         sammenhänge, Begriffsdefinitionen. Düsseldorf:
         VDI-Verlag 1978.

/18/   Brankamp, K.: Ein Terminplanungssystem für Unternehmen
         der Einzel- und Kleinserienfertigung. Würzburg,
         Wien: Physica Verlag 1973.

/19/   Splettstößer, D.: Grobprojektierung von Informations-
        systemen: Methodenanalyse und Grundkonzeption einer
        Dialog-Projektierung. Würzburg, Wien: Physica Verlag
        1977.

/20/   Maier, B.: Historiographische Skizze der Entwicklung von
        Informationssystemanalyse-Techniken mit Anregungen für
        die Analyse informationsverarbeitender Aufgaben. An-
        gewandte Informatik 21 (1979) H. 7, S. 283-291.

/21/   Griese, J.; Österle, H.: Eine Organisation mit Teilauf-
        gaben für die EDV. Computerwoche (1979) H. 12,
        S. 26-27.

/22/   Grochla, E.; u.a.: Das Kölner Integrationsmodell. Ar-
        beitsmodell zur Entwicklung eines integrierten Infor-
        mationssystems. Betriebswirtschaftliches Institut für
        Organisation und Automation (BIFOA) an der Universi-
        tät zu Köln: BIFOA-Arbeitsbericht 70/3, 1970.

/23/   Kettner, H.; Wegener, N.: Zusammenwirken von Einpla-
        nungs- und Durchführungsstrategien bei Werkstattfer-
        tigung. Fortschrittliche Betriebsführung und Indu-
        strial Engineering 28 (1979) H. 2, S. 85-90.

/24/   Jordt, A.C.; Gscheidle, K.: Normierte Entwicklung von
        Programmiervorgaben, in: Sonderdruck der Online-adl-
        nachrichten aus den Heften 67/1971 bis 75/1972.

/25/   Roschmann, K.: Automatisierte Datenerfassung für Ferti-
        gungssteuerung und Kostenrechnung. Mainz: Krausskopf-
        Verlag 1973.

/26/   Heinrich, L.J.: Planung des Datenerfassungssystems. Ent-
        scheidungsmodell zur Verfahrensauswahl und Geräte-
        auswahl. Köln-Braunsfeld: Verlagsgesellschaft Ru-
        dolf Müller, 1975.

/27/   Bendeich, E.: Datenerfassung im Produktionsbereich.
        Mainz: Krausskopf-Verlag 1977.

/28/   Zeeb, G.: Entscheidungsfindung mit der Kepner-Tregoe-
        Methode - Auswahl eines Systems zur Betriebsdaten-
        erfassung -. Arbeitsvorbereitung 16 (1979) H. 4,
        S. 135-139.

/29/   Wiese, M.: Untersuchungen zur Beurteilung der Wirtschaft-
        lichkeit EDV-gestützter Fertigungssteuerungssysteme
        im Bereich der Zeitwirtschaft - dargestellt an Ferti-
        gungsverhältnissen von Betrieben des Werkzeugmaschi-
        nenbaus mit Werkstattfertigung. Diss. RWTH Aachen
        1977.

/30/   Roschmann, K.: Aktuelles zur Betriebsdatenerfassung.
        Fortschrittliche Betriebsführung und Industrial
        Engineering 28 (1979) H. 4, S. 221-232.

/31/   Brandenburg, V.: Anwendergespräch "Produktionsplanung
        und -steuerung im Dialog". Veranstaltungsbesprechung.
        Angewandte Informatik 21 (1979) H. 8, S. 372-373.

/32/   Lienert, J.: Entwicklung einer Vorgehensweise zur Wirt-
        schaftlichkeitsanalyse EDV-unterstützter Fertigungs-
        steuerungssysteme. Diss. Universität Stuttgart 1980.

/33/   Spur, G.; Stute, G.; Weck, M.: Rechnergeführte Ferti-
        gung. München, Wien: Carl Hanser Verlag 1977.

/34/   Bendeich, E.; Dauser, R.: Organisationsformen der kurz-
        fristigen Fertigungssteuerung. Teil 1: Methoden der
        Arbeitsverteilung. Arbeitsvorbereitung 14 (1977)
        H. 6, S. 163-167.

/35/   Bendeich, E.; Dauser, R.: Organisationsformen der kurz-
        fristigen Fertigungssteuerung. Teil 2: Methoden der
        Rückmeldung. Arbeitsvorbereitung 15 (1978) H. 1,
        S. 5-10.

/36/   Bendeich, E.; Kölle, J.: Projektierungshilfsmittel beim
        Einsatz von Prozeßrechnern für Stückgutprozesse in
        der Fertigungstechnik. Gesellschaft für Kernforschung
        mbH, Karlsruhe: PDV-Bericht KFK-PDV 97, Oktober 1976.

/37/ Senn, H.: Distributed Processing: Die EDV-Philosophie
     der Zukunft. Management-Zeitschrift iO 46 (1977) H. 3,
     S. 119-123.

/38/ Hansen, H.R.: Auswirkungen neuer Entwicklungen in der In-
     formationsverarbeitung auf Unternehmungen und Mana-
     gement. Datascope 8 (1977) H. 24, S. 3-14.

/39/ Augustin, S.; Helletsberger, G.: Von der Betriebsdaten-
     erfassung zum Rechnerverbund; dezentrale Subsysteme
     im Werkstatt- und Lagerbereich. Vortragsmanuskript:
     Jahrestagung der Gesellschaft für Fertigungssteuerung
     und Materialwirtschaft e.V., Berlin 1979.

/40/ Koreimann, D.S.: Ist das Rechenzentrum überholt?
     Management-Zeitschrift iO 48 (1979) H. 1, S. 33-36.

/41/ Senger, E.E.: Datenverarbeitung auf dem Weg zum Endbe-
     nutzer. Rationalisierung 30 (1979) H. 7/8, S. 198-203.

/42/ o.V.: Grenzen des Wachstums für Distributed Processing?
     Online-adl-nachrichten 17 (1979) H. 7/8, S. 558-560.

/43/ o.V.: Datenerfassung: Kein Patentrezept für die Zukunft.
     Online-adl-nachrichten 17 (1979) H. 3, S. 135-136.

/44/ Warnecke, H.-J.; Dauser, R.: Im Vorfeld der EDV - Be-
     triebsdatenerfassung dezentral oder zentral?
     Betriebstechnik 20 (1979) H. 5, S. 91-94.

/45/ o.V.: AWF Begriffserklärungen Fertigungsplanung - Fer-
     tigungssteuerung. ZwF - Zeitschrift für wirtschaftli-
     che Fertigung 55 (1960) H. 9, S. 396-401.

/46/ Vortherms, B.; Möller, C.: Analyse der Anwenderprobleme
     beim Einsatz von EDV-Softwarepaketen in der Produk-
     tionssteuerung. Forschungsbericht DV 77-03, Bundes-
     ministerium für Forschung und Technologie, 1977.

/47/ Seliger, G.: Modularprogramme zur Fertigungssteuerung.
     ZwF - Zeitschrift für wirtschaftliche Fertigung 73
     (1978) H. 4, S. 199-207.

/48/ Rabus, G.: Entwicklung einer Betriebstypologie für den
Maschinenbau zum überbetrieblichen Vergleich von Fer-
tigungssteuerungsverfahren. Diss. Universität Stuttgart 1980.

/49/ Dauser, R.; Gentner, R.: Kurzfristige Fertigungssteuerung
und Datenerfassung in den 80er Jahren. Unveröffent-
lichte Untersuchung. Stuttgart: Fraunhofer-Institut
für Produktionstechnik und Automatisierung 1979.

/50/ Bittorf, W.: Ermittlung des Informationsbedarfes zur
Erhöhung der Effektivität in der technischen Vorbe-
reitung der Produktion. Diss. Technische Hochschule
Ilmenau 1976.

/51/ Vetter, G.: Ermittlung betriebsspezifischer Anforderungs-
profile an Informationssysteme. Studienarbeit am Institut für Industrielle Fertigung und Fabrikbetrieb
der Universität Stuttgart 1978.

/52/ Wedekind, H.: Systemanalyse. Die Entwicklung von An-
wendungssystemen für Datenverarbeitungsanlagen.
München: Carl Hanser Verlag 1973.

/53/ Koreimann, D.S.: Systemanalyse. Berlin, New York:
Verlag Walter de Gruyter 1972.

/54/ Gomolzig, H.: Ist die Gesamtplanung der Informationsverarbeitung planbar? Online-adl-nachrichten 17 (1979)
H. 5, S. 424-428.

/55/ Bendeich, E.; Dauser, R.; Gentner, R.: Wirtschaftliche
Datenerfassung in Klein- und Mittelbetrieben. Hrsg.
AWV, Ausschuß für wirtschaftliche Verwaltung in
Wirtschaft und Öffentlicher Hand e.V., Eschborn. -
München: Verlag Moderne Industrie 1980.

/56/ Geitner, U.W.: Strategie zur Einführung von Steuerungs-
systemen. Online-adl-nachrichten 16 (1978) H. 12,
S. 1007-1009.

/57/   Lippmann, C.: Bildschirme - Herausforderung für den Be-
        triebsrat. Computerwoche (1979) H. 32, S. 1 und 47.

/58/   o.V.: Netzwerk-Konzepte. Computerwoche (1979) H. 6,
        S. 20-21.

/59/   o.V.: Netzwerk-Software. Computerwoche (1979) H. 8,
        S. 18-19.

/60/   Lederer, K.G.: Fertigungssteuerung bei flexiblen Ar-
        beitsstrukturen. Diss. Universität Stuttgart 1977.

/61/   Körner, H.; Scheider, U.: Fertigungsleittechnik im Pro-
        duktionsbereich. data report 14 (1979) H. 2, S. 24-25.

/62/   Hammer, H.: Aktuelle Betriebsdatenerfassung als Aus-
        gangsbasis für ein integriertes Material- und Fer-
        tigungssteuerungssystem. Werkstatt und Betrieb 112
        (1979) H. 4, S. 239-244.

/63/   Koldau, M.: Der Markt für Systeme zur Betriebsdaten-
        erfassung. Fortschrittliche Betriebsführung und
        Industrial Engineering 25 (1976) H. 5, S. 279-284
        u. H. 6, S. 351-356.

/64/   o.V.: Betriebsdatenerfassung in Industrieunternehmen:
        Ein Leitfaden zur Einführung und Anwendung der Be-
        triebsdatenerfassung. Hrsg. AWV, Ausschuß für wirt-
        schaftliche Verwaltung in Wirtschaft und Öffentli-
        cher Hand e.V., Eschborn. - München: Verlag Moderne
        Industrie, 1979.

Anhang 1: <u>Kriterienkatalog zur Erhebung der Eingangsgrößen</u>
<u>für das EDV-unterstützte Auswahlverfahren von</u>
<u>Systemen zur kurzfristigen Fertigungssteuerung</u>

(vgl. Kapitel 4.1; 5.2.1; 5.2.3; 6.2.1; 6.2.2; 6.3)

1   Allgemeine Einflußgrößen

2   Erfassung des Ist-Zustandes
   (Ausgangssituation)

3   Bestimmungsgrößen zur Festlegung
   der Teilfunktion "Erfassung"

4   Bestimmungsgrößen zur Festlegung der
   Teilfunktionen "Vorverarbeitung und
   Verarbeitung"

5   Bestimmungsgrößen zur Festlegung der
   Teilfunktion "Ausgabe"

6   Bestimmungsgrößen zur Auswahl der
   Maschinendatenerfassung

1	Allgemeine Einflußgrößen	Menge	Ja	Nein
1.1	Welchem <u>Fertigungstyp</u> ist der Produktionsbereich zuzuordnen?			
	- Einzel- und Kleinserienfertigung		X	
	- Großserien- und Massenfertigung			X
1.2	Welcher <u>Organisationstyp</u> überwiegt in der Teilefertigung?			
	- Werkstattfertigung		X	
	- Gruppenfertigung			X
	- Punktfertigung			X
	- Reihen- und Fließfertigung			X
	- Baustellenfertigung			X
1.3	Liegt die <u>Auflagedauer</u> der Produkte im Bereich			
	- bis 6 Wochen			X
	- über 6 Wochen?		X	
1.4	Ist die <u>Stufigkeit</u> der Produkte			
	- hoch		X	
	- niedrig?			X
1.5	Ist die Anzahl der <u>Kundenaufträge in der Fertigung</u>			
	- groß			X
	- gering?		X	
1.6	Ist das <u>Erzeugnisspektrum</u>			
	- breit		X	
	- schmal?			X
1.7	Sind die hergestellten <u>Produkte</u>			
	- unterschiedlich		X	
	- ähnlich?			X
1.8	Sind erforderliche <u>Umplanungen</u>			
	- häufig			X
	- selten?		X	

2	Erfassung des Ist-Zustandes (Ausgangssituation)	Menge	Ja	Nein
2.1	Wird <u>EDV</u> eingesetzt in der			
	- Materialwirtschaft		X	
	- Zeitwirtschaft ?		X	
2.2	Welche <u>EDV-Anlagen</u> stehen im Betrieb zur Verfügung?			
	- Planungsrechner		X	
	- Fertigungsrechner			X
	- Prozeßrechner			X
	- Kleinrechner			X
2.3	Wird eine <u>Feinterminierung mit EDV</u> durchgeführt? *Mit/ohne Kapazitätsabgleich*		X	
	Wenn ja: In welchen Intervallen?			
	- täglich			X
	- 2 x wöchentlich			X
	- wöchentlich			X
	- 14-tägig		X	
	- monatlich			X
2.4	In welcher <u>Ebene</u> erfolgt die <u>Datenerfassung</u>?			
	- Prozeßebene			X
	- Werkstattführungsebene			X
	- Steuerungsebene		X	
	- Planungsebene			X
2.5	<u>Wie</u> erfolgt die <u>Datenerfassung</u> in der Fertigung?			
	- manuell		X	
	- off-line			X
	- on-line			X
	- real-time			X
2.6	Werden erfaßte <u>Daten vorverarbeitet</u>?		X	
	(Wenn nein: Weiter mit Frage 2.8) Wenn ja: In welcher Ebene erfolgt die Vorverarbeitung?			
	- Prozeßebene			X
	- Werkstattführungsebene			X
	- Steuerungsebene		X	
	- Planungsebene			X
2.7	<u>Wie</u> erfolgt die <u>Vorverarbeitung</u>?			
	- manuell			X
	- off-line		X	
	- on-line			X
	- real-time			X
2.8	In welcher <u>Ebene</u> wird die <u>Verarbeitung</u> durchgeführt?			
	- Prozeßebene			X
	- Werkstattführungsebene			X
	- Steuerungsebene			X

	Menge	Ja	Nein
- Planungsebene		X	
2.9 <u>Wie</u> erfolgt die <u>Verarbeitung</u>?			
- manuell			X
- off-line		X	
- on-line			X
- real-time			X
2.10 In welcher <u>Ebene</u> erfolgt die <u>Ausgabe</u>?			
- Prozeßebene			X
- Werkstattführungsebene		X	
- Steuerungsebene			X
- Planungsebene			X
2.11 <u>Wie</u> erfolgt die <u>Ausgabe</u>?			
- manuell			X
- off-line		X	
- on-line			X
- real-time			X
2.12 Wie werden die <u>Fertigungspapiere</u> (Belege) erstellt?			
- zentral } *restliche Arbeitspapiere*		X	
- mit EDV		X	
- ohne EDV			X
- dezentral		X	
- mit EDV			X
- ohne EDV *Lohnbelege, Arbeitspläne → Ziel: zentral mit EDV*		X	
2.13 Welche Stelle(n) <u>teilen</u> die zu bearbeitenden <u>Fertigungsaufträge zu</u>?			
- zentrale Stelle(n)			X
- dezentrale Stelle(n)		X	
- zentrale und dezentrale Stellen(n)			X
2.14 Sind die <u>Rückmeldebelege</u>			
- personell,		X	
- maschinell,		X	
- personell und maschinell lesbar?		X	

3	Bestimmungsgrößen zur Festlegung der Teil-funktion "Erfassung"	Menge	Ja	Nein
3.1	Wie groß ist die durchschnittliche Anzahl der <u>abgearbeiteten Fertigungsaufträge je</u> Schicht?	120		
3.2	Wie viele Rückmeldungen sind durchschnitt-lich je Schicht durch <u>Störungen</u> bedingt?	—		
3.3	Werden die <u>Rüstvorgänge</u> zurückgemeldet?			X
3.4	Welche <u>Rückmeldeart</u> (RMA) existiert in den verschiedenen <u>Teilbereichen</u>? 0 = Informationsbaustein nicht vorhanden (keine Rückmeldung) 1 = Arbeitsvorgangsbeginn <u>oder</u> -ende 2 = Arbeitsvorgangsbeginn <u>und</u> -ende			
3.4.1	<u>Materialvorbereitung (MV)</u>: RMA ..1.. - wie oft erfolgt eine Materialvorbereitung je Fertigungsauftrag?	1		
3.4.2	<u>Werkzeugvorbereitung (WV)</u>: RMA ..1.. - wie oft erfolgt eine Werkzeugvorbereitung je Fertigungsauftrag?	5		
3.4.3	<u>Materialbereitstellung (MB)</u>: RMA ..1.. - wie oft wird je Fertigungsauftrag Material bereitgestellt?	1		
3.4.4	<u>Werkzeugbereitstellung (WB)</u>: RMA ..1.. - wie oft erfolgt eine Werkzeugbereit-stellung je Fertigungsauftrag?	5		
3.4.5	<u>Teilefertigung (AT)</u>: RMA ..1.. - wie groß ist die durchschnittliche Anzahl der Arbeitsvorgänge je Fertigungsauftrag?	6		
3.4.6	<u>Montage (AM)</u>: RMA ..0.. - wie groß ist die durchschnittliche Anzahl der Arbeitsvorgänge je Montage-auftrag?	—		
3.4.7	<u>Kontrolle (K)</u>: RMA ..1.. - wie oft erfolgt eine Kontrolle je Fertigungsauftrag?	7		
3.4.8	<u>Transport (T)</u>: RMA ..0.. - wie oft erfolgt ein Transport je Fertigungsauftrag?	—		
3.4.9	<u>Lager (L)</u>: RMA ..1.. - wie oft erfolgt eine Einlagerung je Fertigungsauftrag?	1		

		Menge	Ja	Nein
3.5	Wieviele Störungsmeldungen treten in der Teilefertigung je Fertigungsauftrag auf?	—		
3.6	Wie groß ist die <u>Anzahl der Arbeitsplätze</u> in der Teilefertigung?	530		
3.7	In wieviel <u>Schichten</u> wird im Untersuchungsbereich gearbeitet?	1-sch.		
3.8	Wie groß ist die <u>durchschnittliche Arbeitszeit</u> je Arbeitsplatz und Schicht?	8 h		
3.9	Wird <u>jeder Arbeitsvorgang</u> zurückgemeldet? Wenn nein: Wieviel Arbeitsvorgänge werden zu einer Rückmeldung zusammengefaßt?	3		X
3.10	Werden <u>begonnene Arbeitsvorgänge</u> bei Arbeitsende (Schichtende) zurückgemeldet <u>und</u> bei Arbeitsbeginn (Schichtbeginn) wieder angemeldet?			X
3.11	Werden <u>begonnene Arbeitsvorgänge</u> bei Arbeitsende (Schichtende) zurückgemeldet <u>oder</u> bei Arbeitsbeginn (Schichtbeginn) wieder angemeldet?			X
3.12	Wie groß ist die <u>Produktionsfläche</u> in der Teilefertigung (m^2)?	12823		
3.13	Wie groß ist die durchschnittliche <u>Anzahl von Zeichen</u> eines zu erfassenden Datensatzes?	40		

4	Bestimmungsgrößen zur Festlegung der Teil-funktionen "Vorverarbeitung" und "Verarbeitung"	Menge	Ja	Nein
4.1	Wieviele Mitarbeiter je Schicht sind ausschließlich mit der Datenerfassung beschäftigt bzw. sollen dies sein? (Bei der Angabe "Mitarbeiter = 0" wird ein automatisiertes System erforderlich!)	2		
4.2	Arbeitet das <u>Erfassungspersonal im Schichtbetrieb</u>? <u>Wenn</u> ja: Anzahl der Schichten?			X
4.3	Sollen bei der Erfassung <u>Kontrollen und Korrekturen</u> durchgeführt werden?		X	

4.4	Reicht das <u>vorhandene System</u> zur Erfassung der anfallenden Daten aus?
	
	Wenn bisher ein manuelles System existiert:
	
	- Ist eine EDV-Unterstützung geplant oder
	- soll eine Verarbeitung außer Haus (Rechenzentrum) stattfinden?
	
	Wenn eine <u>EDV-Unterstützung im eigenen Haus</u> vorgesehen ist:
	
	- Sollen mit dem geplanten Rechner
	
	    - kommerzielle
	    - fertigungsbezogene
	    - kommerzielle und fertigungsbezogene Aufgaben gelöst werden?
				X

4.5	Wenn ein <u>Planungs- und Fertigungsrechner</u> vorhanden ist: Soll die Datenerfassung an diese Rechnerkonfiguration angepaßt werden?			X
4.6	Soll zu einem <u>späteren Zeitpunkt ein On-line-System</u> realisiert werden?		(X)	
4.7	Wenn <u>bisher keine Vorverarbeitung</u> durchgeführt wird: Bestehen folgende <u>Anforderungen</u> an die Vorverarbeitung? - Einfacherer Datenträgertransport (reduzierter Belegfluß) - Wiederverwendbarkeit umgesetzter Datenträger - Durchführung vorgezogener Rechenoperationen (z.B. Verdichtung, Selektion oder Umsetzung von Daten) - Erhöhung der Datensicherheit durch zusätzliche Datenspeicherung - raumsparende Archivierung von Datenträgern - Erhöhung der Einleseleistung zur Verarbeitung	keine Angabe	(X)	
4.8	Bestehen <u>weitere Anforderungen</u> an die Vorverarbeitung, wie:			

	Menge	Ja	Nein
- Plausibilitätskontrolle bei der Erfassung - (teilweise) Dialogfähigkeit - zukünftige Erweiterungen des Aufgabenumfangs - Planungszyklus 2x wöchentlich - hohe Aktualität der Datenbestände	*keine Angabe*	(X)	
4.9 Wenn Frage 4.8 mit <u>nein</u> beantwortet wird: Bestehen <u>weitere Sachzwänge</u> für eine <u>On-line-Vorverarbeitung</u>?			(X)
4.10 Soll das System weitgehend <u>gegen Ausfall ab-gesichert</u> sein?		X	
4.11 Bestehen <u>folgende Anforderungen an das Gesamt-system</u>:		X	
- Wegfall des Transports von Zwischendaten-trägern		X	
- höhere Übertragungssicherheit (im Vergleich zu einem Off-line-System)		X	
- Zugriff auf zentrale Datenbestände		X	
- Einführung des Dialogbetriebs		X	
- Plausibilitätskontrolle (wenn nicht schon bei der Vorverarbeitung berücksichtigt)		X	
- Zukunftsaspekte (z.B. Erweiterungen des Aufgabenumfangs)	*keine Angabe*		
- weitere betriebsspezifische Sachzwänge für ein On-line-System		X	
(Hinweis: Diese Anforderungen führen zur Auswahl eines On-line-Systems)			
4.12 Soll das System dialogfähig sein? (aktiver Dateizugriff) (Hinweis: Die Anforderung "aktiver Dateizugriff" macht ein Real-time-System notwendig!)			X

5	Bestimmungsgrößen zur Festlegung der Teil- funktion "Ausgabe"	Menge	Ja	Nein
5.1	Auf welche <u>Kapazitätseinheiten</u> bezieht sich die Planung (Planungsbasis)? - Einzelarbeitsplätze - Maschinengruppe - Werkstattbereiche		X	X X
5.2	Treten bei der Zuteilung viele Außerplanmäßig- keiten auf?			X

5.3	Wenn eine <u>Feinterminierung ohne EDV</u> durchge-
	führt wird:
	Wird diese Terminierung in der Fertigungs-
	steuerung vorgenommen?
	
	Folgende Anforderungen sind bei einer <u>EDV-
	unterstützten Terminierung</u> realisierbar:
	
	- Geringerer Aufwand bei der Beschaffung
	  aktueller Ausgangsdaten
	- verringerte manuelle Karteiführung
	- Durchlaufzeitverkürzung
	- weniger Leerzeiten und Terminüberschrei-
	  tungen
	- bessere Einhaltung der Liefertreue
	- bessere Kapazitätsauslastung
	- Abbau unproduktiver Nebenzeiten
	- schnellere, genauere und aktuellere
	  Planungsergebnisse.
	
	Besteht aufgrund dieser Anforderungen die
	Bereitschaft zur Einführung eines Terminie-
	rungsprogrammes?			

5.4	Wird die <u>Arbeitsvorbereitung mit EDV</u> durchge- führt?		X	
5.5	Soll eine <u>Belegerstellung bei Bedarf auf Ab- ruf</u> möglich sein?		X	
5.6	Ist das zu erstellende <u>Datenvolumen</u> groß?		X	
5.7	Sollen dezentrale Stellen (z.B. Meisterbereiche) bei der Zuteilung <u>Dispositionskompetenzen</u> haben?		(X)	
5.8	Werden <u>Kundenwünsche</u> noch <u>in der Fertigungs- phase</u> berücksichtigt?			X
5.9	Soll das Ausgabesystem dialogfähig sein? (aktiver Dateizugriff) (Hinweis: Die Anforderung "aktiver Dateizu- griff" macht ein Real-time-System notwendig!)			X

	Menge	Ja	Nein
Wenn Frage 5.9 mit ja beantwortet wird: Besteht die Möglichkeit, auf die Anforderung "dialogfähig" zu verzichten, wenn aufgrund der Anforderungen an die Erfassung kein On-line-System benötigt wird?			
5.10 Wird aus Gründen der Aktualität eine dezentrale Belegerstellung gefordert (passiver Dateizugriff)?		(x)	X
Wenn Frage 5.10 mit ja beantwortet wird: Besteht die Möglichkeit, auf eine dezentrale Belegerstellung zu verzichten, wenn aufgrund der Anforderungen an die Erfassung kein so hoch automatisiertes System benötigt wird?			
5.11 Wenn bisher ein manuelles System besteht: erfolgt die Belegerstellung in der - Planungsebene, - Steuerungsebene?			
5.12 Wie groß ist die durchschnittliche Anzahl der gleichzeitig im Betrieb vorhandenen Fertigungsaufträge?	30000		
5.13 Ist die Verwendung eines Fertigungsrechners geplant? Wenn ja: Aus welchen Gründen?	keine Angabe		
5.14 Sind bei der Zuteilung zentral vorgegebene Listen ausreichend?		X	

6	Bestimmungsgrößen zur Auswahl der Maschinendatenerfassung	Menge	Ja	Nein
6.1	Sind konventionelle Maschinen mit Maschinendatenerfassung (Mengenerfassung, Störgrunderfassung, Nutzungsgradanzeige) vorhanden oder geplant? (Falls nein: weiter mit 6.4)			X
6.2	Wenn Frage 6.1 mit ja beantwortet wird: In welcher EDV-Einsatzstufe wird die Maschinendatenerfassung durchgeführt? Sind die gewonnenen Ergebnisse der Maschinendatenerfassung ausreichend? Wenn ja: Ist die Auswertung der Ergebnisse zu aufwendig?			
6.3	Besteht die Notwendigkeit der zeitnahen zentralen Erfassung von Störgründen?			
6.4	Sind numerisch gesteuerte Maschinen (NC-Maschinen, CNC-Maschinen, DNC-Maschinen) mit Maschinendatenerfassung vorhanden oder geplant? (Falls nein: weiter mit 6.7)	24	X	
6.5	Wenn Frage 6.4 mit ja beantwortet wird: In welcher EDV-Einsatzstufe wird die Maschinendatenerfassung durchgeführt? (O = konventionell; 1 = Off-line; 2 = On-line/ batch; 3 = On-line/real-time)	0		
6.6	Wird bei numerisch gesteuerten Maschinen eine - Prozeßüberwachung - Prozeßsteuerung - Prozeßregelung geplant oder bereits durchgeführt?		X	X X
6.7	Werden Maschinendaten zur Instandhaltung, Fertigungssteuerung oder Lohnabrechnung benötigt? (Falls ja: weiter mit 6.8; falls nein: Ende)		X	
6.8	Sollen die entstehenden Datenträger EDV-kompatibel sein?		X	
6.9	Sollen die erfaßten Daten zwischengespeichert werden?			

Anhang 2.1: <u>Aufgaben der Produktionsplanung und</u>
             <u>- steuerung und der Fertigung</u>

             (vgl. Kapitel 4.3; 4.4.1; 4.4.2; 5.1.3)

<u>Bestell- und Lagerwesen</u>   B 00

<u>Lieferantenauswahl</u>   B 10
Angebotsauswahl   B 11
Bestelldisposition   B 12
Lieferantenstammdatei führen   B 13
Lieferantenkatalogisierung   B 14

<u>Bestellungsschreibung</u>   B 20

<u>Lagerbewegungsrechnung</u>   B 30
Lagerbestandsfortschreibung   B 31
Lagerbewegungsnachweis   B 32
Lagerbestandsbewertung   B 33
Materialbedarfsart bestimmen   B 34

<u>Bestellungsüberwachung</u>   B 40
Bestelldateiführung   B 41
Bestellung bearbeiten   B 42
Bestellablauf überwachen   B 43

<u>Inventur</u>   B 50
Inventuraufnahme   B 51
Inventurabstimmung   B 52
Werkstattbestandsbewertung   B 53
Unterwegsbestandsbewertung   B 54

<u>Wareneingang</u>   B 60
Warenannahme   B 61
Wareneingangsprüfung   B 62

<u>Lagerung</u>   B 70
Einlagerung   B 71
Auslagerung   B 72

Tabelle A 1: Aufgabengruppen und Aufgaben
             des Bestell- und Lagerwesens

<u>Fertigungsplanung</u>	P 00
<u>Sachstammdatei führen</u>	P 10
Sachmerkmalserfassung	P 11
Sachnummernvergabe	P 12
Sachstammdateipflege	P 13
Sachkatalogisierung	P 14
<u>Erzeugnisstrukturdatei führen</u>	P 20
<u>Erzeugnisstrukturdatei</u> erstellen	P 21
Erzeugnisstrukturdatei pflegen	P 22
Stücklistenerstellung	P 23
<u>Fertigungstechnische Produkt- und</u> <u>Verfahrensberatung</u>	P 30
<u>Vorgabezeitermittlung</u>	P 40
<u>Arbeitsunterlagen bearbeiten</u>	P 50
<u>Arbeitsunterlagen</u> erstellen	P 51
Arbeitsplatzdatei führen	P 52
Arbeitsunterlagendatei führen	P 53
<u>Vorkalkulation</u>	P 60
Kostenträgervorkalkulation	P 61
Auftragsvorkalkulation	P 62
Teilkostenkalkulation	P 63
<u>Fertigungsstatistik</u>	P 70
<u>Betriebsmittelplanung</u>	P 80
Betriebsmittelbedarf planen und beschaffen	P 81
Betriebsmittelbereitstellung planen	P 82
Betriebsmittelaufstellung planen und steuern	P 83
Betriebsmittelinstandhaltung planen	P 84
<u>Fertigungsrationalisierung</u>	P 90

Tabelle A 2: Aufgabengruppen und Aufgaben
der Fertigungsplanung

<u>Fertigungssteuerung</u>   S 00

<u>Produktions- und Fertigungsprogramm
bilden</u>   S 10
Produktionsprogramm bilden   S 11
Fertigungsprogramm bilden   S 12

<u>Materialbedarfsermittlung</u>   S 20
Bruttobedarfsermittlung   S 21
Bedarfsprognose   S 22
Zusatzbedarfsermittlung   S 23
Sicherheitsbestandsermittlung   S 24
Nettobedarfsermittlung   S 25

<u>Beschaffungsrechnung</u>   S 30
Beschaffungsvorschlag ermitteln   S 31
Materialreservierung   S 32
Fertigungsauftragsdatei führen   S 33

<u>Fertigungsdurchlauf terminieren</u>   S 40
Terminermittlung für Fertigungs-
aufträge   S 41
Terminabstimmung für Fertigungs-
aufträge   S 42
Verfügbarkeitsprüfung für
Fertigungsaufträge   S 43

<u>Kapazitätsabstimmung</u>   S 50
Kapazitätsbestand anpassen   S 51
Kapazitätsbedarf anpassen   S 52

<u>Betriebsmittelinstandhaltung steuern</u>   S 60

<u>Auftragsveranlassung</u>   S 70
Arbeitsbelegerstellung   S 71
Arbeitsverteilung   S 72

<u>Fertigungsüberwachung</u>   S 80
Fertigungsfortschrittsüberwachung   S 81
Qualitätssicherung   S 82
Betriebsmittelprüfung   S 83

Tabelle A 3: Aufgabengruppen und Aufgaben
der Fertigungssteuerung

<u>Fertigung</u>	F 00
<u>Materialverwaltung</u>	F 10
Verfügbarkeitskontrolle	F 11
Auslagern	F 12
Zwischenlagern	F 13
Einlagern	F 14
<u>Werkzeug- und Vorrichtungsverwaltung</u>	F 20
Werkzeug- und Vorrichtungsprüfung	F 21
Werkzeug- und Vorrichtungsinstandhaltung	F 22
Verfügbarkeitskontrolle	F 23
Voreinstellen	F 24
Ausgabe und Rücknahme	F 25
<u>Transportwesen</u>	F 30
Materialbereitstellung	F 31
Werkzeugbereitstellung	F 32
Weitertransport	F 33
<u>Maschinen- und Anlagenvorbereitung</u>	F 40
Bestücken/Rüsten von Fertigungssystemen	F 41
Einstellen	F 42
Vorkontrolle	F 43
<u>Maschinen- und Anlagenbedienung</u>	F 50
Beschicken	F 51
Einwirken	F 52
Resultats-/Zwischenkontrolle	F 53
<u>Montagetätigkeit</u>	F 60
Teile zusammenstellen	F 61
Teile montieren	F 62
Montageprodukt einstellen/justieren	F 63
<u>Fertigungskontrolle</u>	F 70
Qualitäts-und Mengenkontrolle	F 71
Funktionskontrolle	F 72
Technologische Prüfung	F 73
Prüfbericht erstellen	F 74
<u>Datenausgabe und -erfassung</u>	F 80
Auftrag anfordern/zuteilen	F 81
Arbeitsbeginn melden	F 82
Störung melden	F 83
Arbeitsende melden	F 84
<u>Instandhaltung</u>	F 90
Inspektion und Wartung	F 91
Instandsetzung	F 92
<u>Versorgungswesen</u>	F 100
Hilfsstoffbereitstellung	F 101
Energieversorgung	F 102
Entsorgen	F 103
Reinigen	F 104
<u>Sozial- und Personalaufgaben</u>	F 110
Personalbetreuung	F 111
Personalbereitstellung und -einteilung	F 112
Personalschulung	F 113
Personalinformation	F 114

Tabelle A 4: Aufgabengruppen und Aufgaben
der Fertigung

Anhang 2.2: <u>Dateien und Belege zur Produktionsplanung</u>
<u>und -steuerung</u>

(vgl. Kapitel 4.3; 5.1.2; 5.1.3)

<u>Nr.</u>	<u>Bezeichnung</u>	<u>Code</u>
1	Arbeitsplandatei	P 53.1
2	Arbeitsplatzdatei	P 52.1
3	Arbeitsunterlagendatei	P 53.3
4	Arbeitsvorgangsdatei	P 53.2
5	Auftragsdatei	S 21.1
6	Bedarfsdatei	S 21.2
7	Bestelldatei	B 41.1
8	Betriebsmitteldatei	S 11.1
9	Einkaufspreisdatei	B 13.1
10	Erzeugnisdatei	S 11.2
11	Erzeugnisstrukturdatei	P 21.1
12	Fertigungsauftragsdatei	S 33.1
13	Fertigungsfortschrittsdatei	S 71.1
14	Fertigungsprogrammdatei	S 12.1
15	Kalkulationsdatei	P 61.1
16	Lagerbestandsdatei	B 31.2
17	Lagerbewegungsdatei	B 31.1
18	Lagerortdatei	B 71.1
19	Lieferantenstammdatei	B 13.2
20	Liefernachweisdatei	B 11.1
21	Materialbedarfsdatei	S 25.1
22	Planzeitdatei	P 40.1
23	Sachstammdatei	P 13.1
24	Teilestammdatei	P 40.2
25	Umsatzdatei	P 63.1

Tabelle A 5: Dateien zur Produktionsplanung
und -steuerung

Bezeichnung	Code
Investitionsplan	U 1
Vertriebsprogramm	V 1
Stückliste	P 20.1
Arbeitsplan	P 51.1
Prüfplan	P 51.2
Prüfvorschrift	P 51.3
Ausschußstatistik	P 70.1
Instandhaltungsanweisung	P 84.1
Instandhaltungsplan	P 84.2
Auftrag	S 10.1
Erzeugnisspektrum	S 10.2
Fertigungsauftrag	S 10.3
Personalanforderung	S 11.1
Betriebsmittelplan	S 11.2
Kapazitätsverwendungsnachweis	S 11.3
Produktionsprogramm	S 11.4
Fertigungsprogramm	S 12.1
Bruttobedarfsliste	S 21.1
Ersatzteilbedarfsliste	S 23.1
Zusatzbedarfsliste	S 23.2
Materialbedarfsliste	S 25.1
Nettobedarfsliste	S 25.2
Bestellprogramm	S 31.1
Bestellvorschlag	S 31.2
Dispositionsliste	S 31.3
Anweisung zur körperlichen Material-reservierung	S 32.1
Fertigungsauftragsbestandsliste	S 33.1
Durchlaufzeitübersicht	S 40.1
Auftragsarbeitsplan	S 41.1
Abruf	S 43.1
Fehlmeldung	S 43.2
Kapazitätsbelegungsübersicht	S 50.1
Instandhaltungsauftrag	S 60.1
Termin für Instandhaltungsmaßnahmen	S 60.2
Arbeitsbeleg	S 71.1
Zeichnung (Produktionszeichnung)	S 71.2
Arbeitsvorgangsbeleg	S 71.3
Materialbezugsbeleg	S 71.4
Rückmeldebeleg	S 71.5
Zeitvorgabebeleg	S 71.6
Liste der Arbeitsfolge	S 71.7
Auftragsbegleitbeleg	S 72.1
Rückstandsliste	S 81.1
Störungsmeldung	S 81.2
Fertigmeldung	S 82.1
Fehlermeldung	S 82.2
Prüfbericht	S 82.3

Tabelle A 6: Belege zur Produktionsplanung und -steuerung
(vgl. Kapitel 5.1.3)

Aufgaben:

B 11: Angebots-
auswahl

B 12: Bestell-
disposition

B 13: Lieferanten-
stammdatei
führen

.

.

.

(s. Anhang 2.1,
Tabellen A 1 - A 3)

Dateien:

1: Arbeitsplandatei

2: Arbeitsplatzdatei

3: Arbeitsunterlagen-
datei

.

.

.

(s. Tabelle A 5)

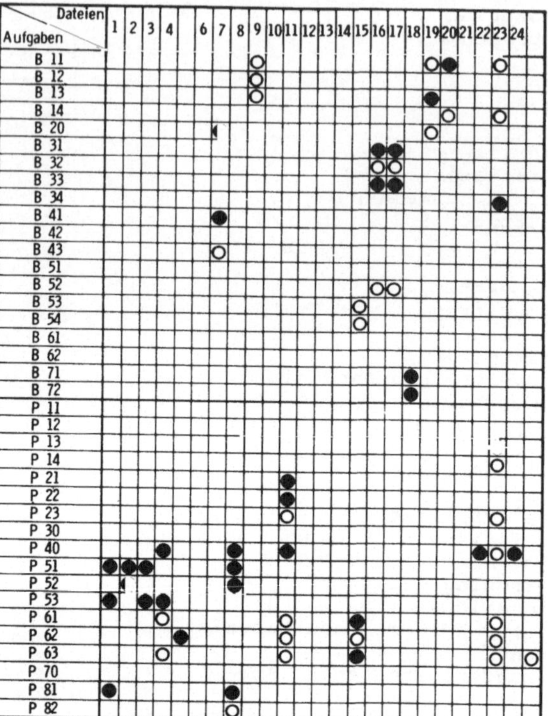

Tabelle A 7: Aufgaben der Produktionsplanung und -steuerung
und ihre Dateiverknüpfungen

Anhang 2.3: <u>Matrizen der Informationsbeziehungen zwischen</u>
<u>den Aufgaben der Produktionsplanung und -steuerung</u>

(vgl. Kapitel 4.3; 5.1.2)

Bild A 1: Informationsbeziehungen im Aufgabengebiet Bestell- und Lagerwesen

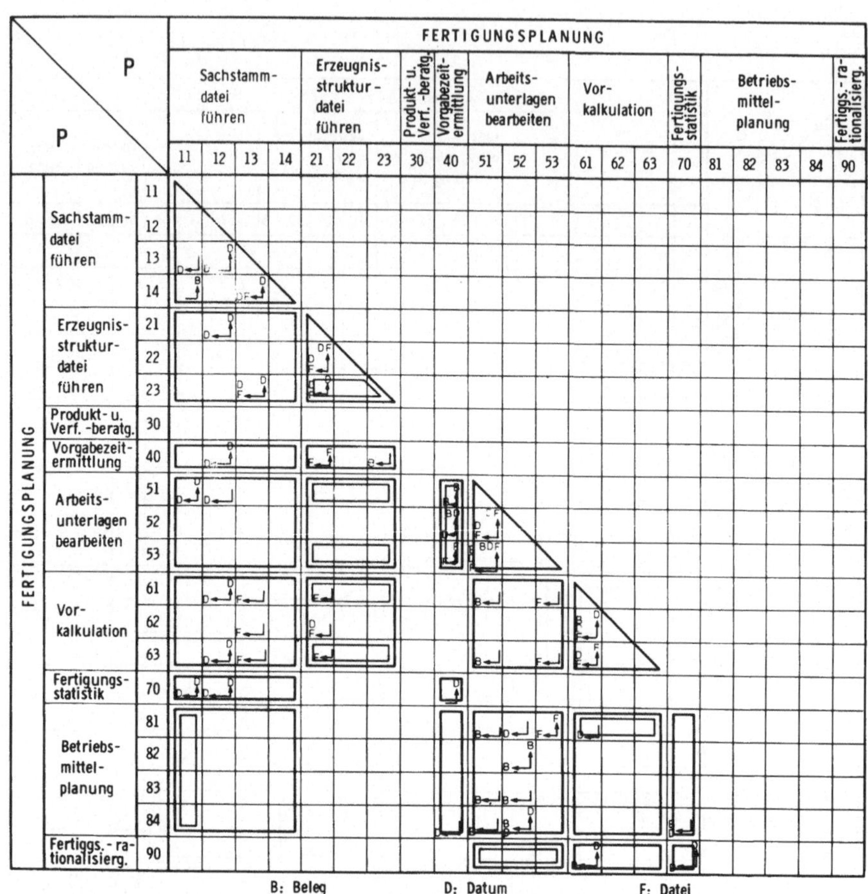

Bild A 2: Informationsbeziehungen im Aufgabengebiet
Fertigungsplanung

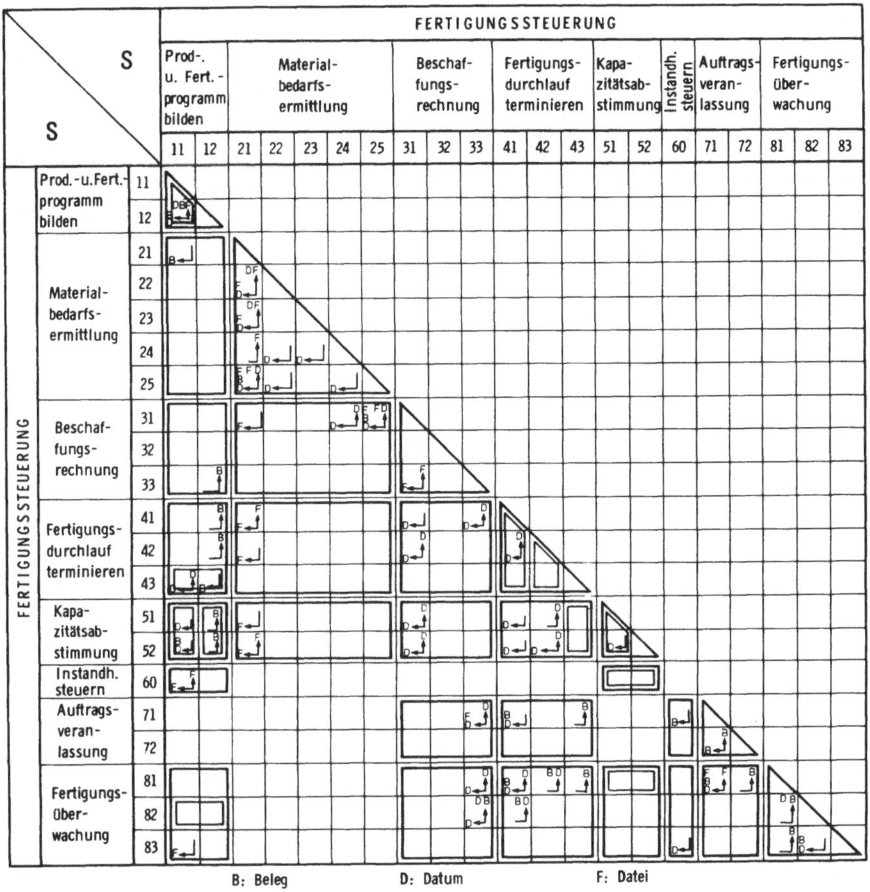

The matrix "S / S" with both axes labelled FERTIGUNGSSTEUERUNG.

Column headers (top, FERTIGUNGSSTEUERUNG):

	Prod.- u. Fert.- programm bilden	Material- bedarfs- ermittlung	Beschaf- fungs- rechnung	Fertigungs- durchlauf terminieren	Kapa- zitätsab- stimmung	Instandh. steuern	Auftrags- veran- lassung	Fertigungs- über- wachung
	11 12	21 22 23 24 25	31 32 33	41 42 43	51 52	60	71 72	81 82 83

Row labels (left, FERTIGUNGSSTEUERUNG):
- Prod.-u.Fert.-programm bilden — 11, 12
- Material-bedarfs-ermittlung — 21, 22, 23, 24, 25
- Beschaf-fungs-rechnung — 31, 32, 33
- Fertigungs-durchlauf terminieren — 41, 42, 43
- Kapa-zitätsab-stimmung — 51, 52
- Instandh. steuern — 60
- Auftrags-veran-lassung — 71, 72
- Fertigungs-über-wachung — 81, 82, 83

B: Beleg   D: Datum   F: Datei

Bild A 3: Informationsbeziehungen im Aufgabengebiet Fertigungssteuerung

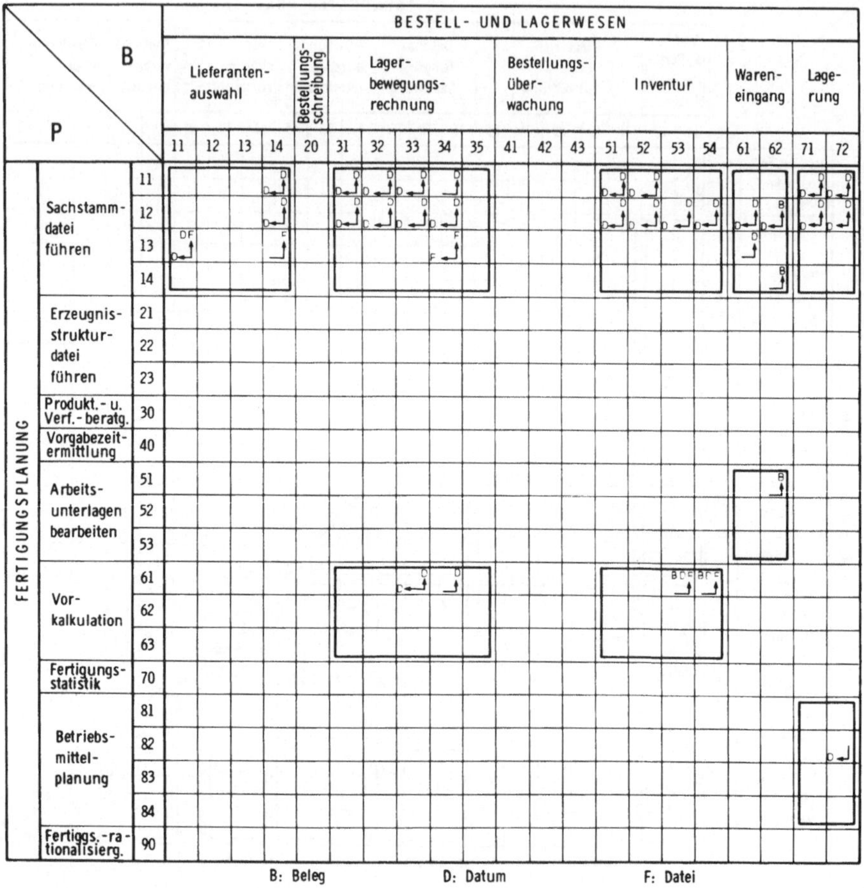

	B	Lieferanten-auswahl				Bestellungs-schreibung	Lager-bewegungs-rechnung					Bestellungs-über-wachung			Inventur				Waren-eingang		Lage-rung	
BESTELL- UND LAGERWESEN																						
P		11	12	13	14	20	31	32	33	34	35	41	42	43	51	52	53	54	61	62	71	72
Sachstamm-datei führen	11																					
	12																					
	13																					
	14																					
Erzeugnis-struktur-datei führen	21																					
	22																					
	23																					
Produkt.- u. Verf.-beratg.	30																					
Vorgabezeit-ermittlung	40																					
Arbeits-unterlagen bearbeiten	51																					
	52																					
	53																					
Vor-kalkulation	61																					
	62																					
	63																					
Fertigungs-statistik	70																					
Betriebs-mittel-planung	81																					
	82																					
	83																					
	84																					
Fertiggs.-rationalisierg.	90																					

FERTIGUNGSPLANUNG

B: Beleg   D: Datum   F: Datei

Bild A 4: Informationsbeziehungen zwischen Bestell- und Lagerwesen und Fertigungsplanung

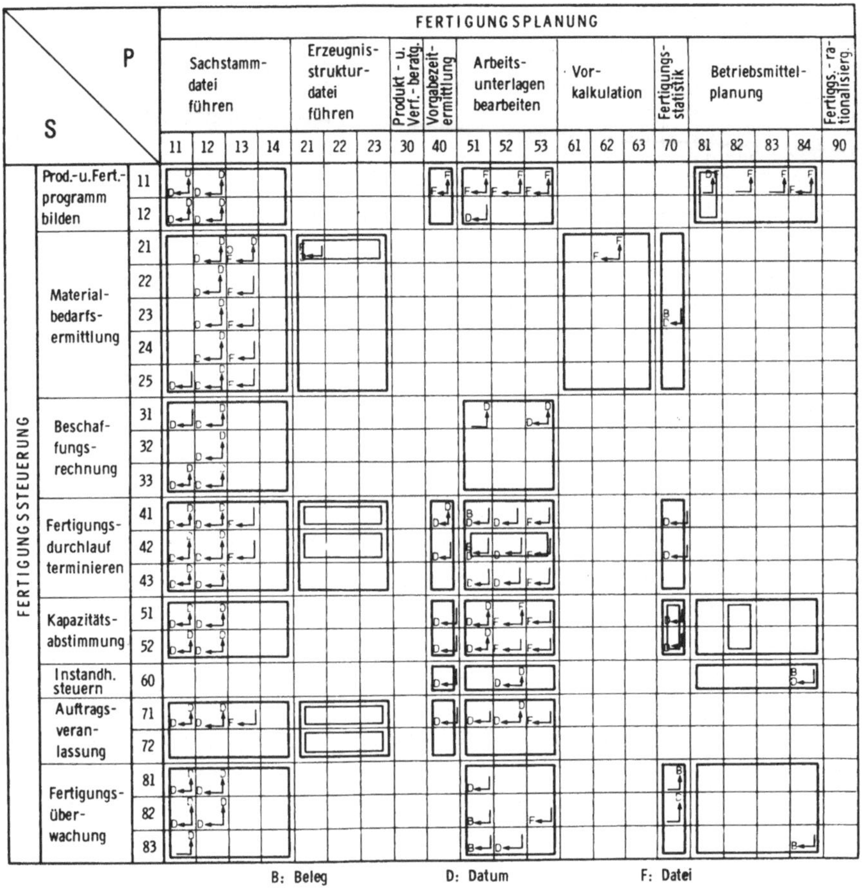

Bild A 5: Informationsbeziehungen zwischen Fertigungsplanung und Fertigungssteuerung

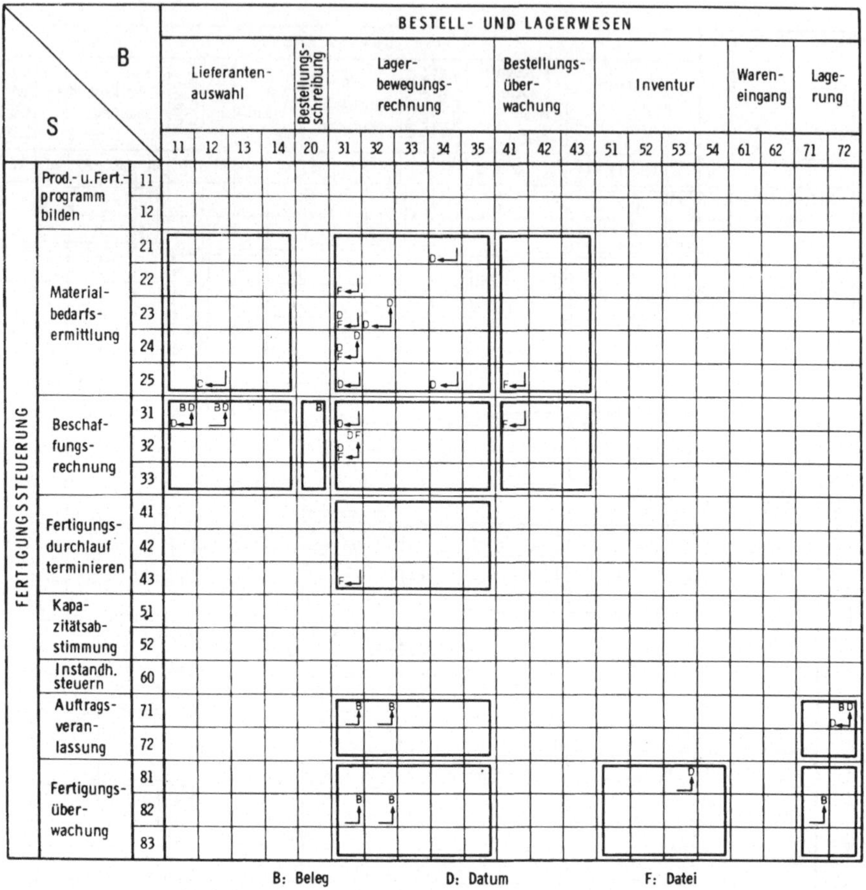

Bild A 6: Informationsbeziehungen zwischen Bestell- und Lagerwesen und Fertigungssteuerung

Anhang 3.1: <u>Bausteine zur Ermittlung des Informationsbedarfs</u>
<u>und -anfalls in der Fertigung</u>

(vgl. Kapitel 4.4.2; 4.4.3.1; 4.4.3.2; 5.2.3)

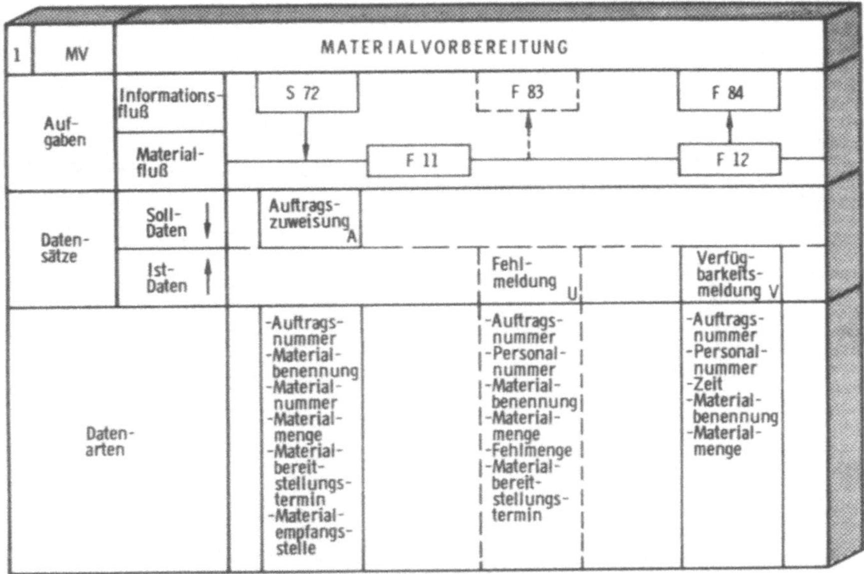

Informationsbedarf: $IB_{MV} = A_1$ Informationsanfall: $IA_{MV} = z_1 U_1 + V_1$

Bild A 7: Informationsbaustein "Materialvorbereitung (MV)"

Informationsbedarf: $IB_{WV} = A_2$ Informationsanfall: $IA_{MV} = z_2 U_2 + V_2$

Bild A 8: Informationsbaustein "Werkzeugvorbereitung (WV)"

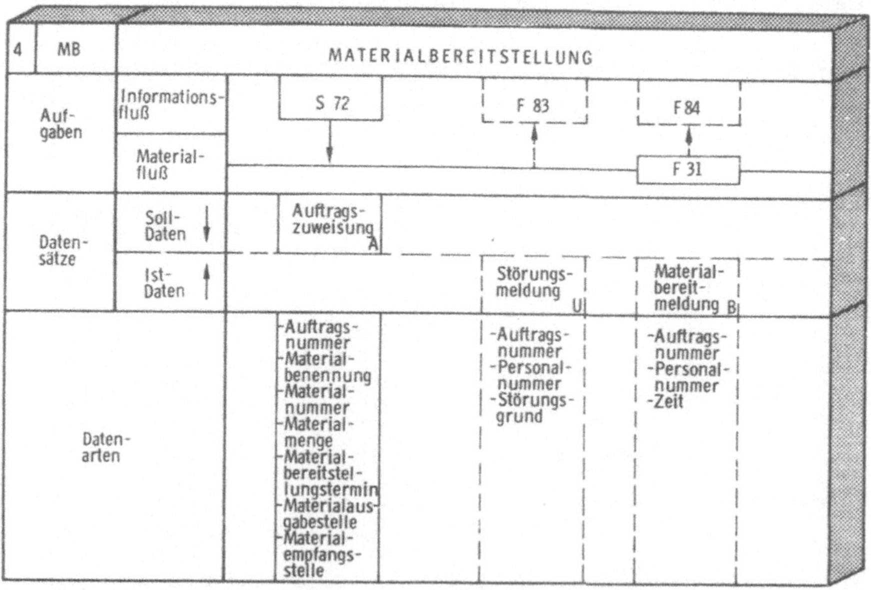

Informationsbedarf: $IB_{PB} = A_3$ Informationsanfall: $IA_{PB} = 0$

Bild A 9: Informationsbaustein "Personalbereitstellung (PB)"

Informationsbedarf: $IB_{MB} = A_4$ Informationsanfall: $IA_{MB} = z_4 \cdot U_4 + B_4$

Bild A 10: Informationsbaustein "Materialbereitstellung (MB)"

5 WB — WERKZEUGBEREITSTELLUNG

Aufgaben	Informationsfluß	S 72	F 83	F 84
	Materialfluß			F 32
Datensätze	Soll-Daten ↓	Auftragszuweisung A		
	Ist-Daten ↑		Störungsmeldung U	Werkzeugbereitmeldung B
Datenarten		-Auftragsnummer -Bertiebsmittelbenenng. -Betriebsmittelmenge -Betriebsmittelbereitstellungstermin -Betriebsmittelausgabestelle -Betriebsmittelempfangsstelle	-Auftragsnummer -Personalnummer -Störungsgrund	-Auftragsnummer -Personalnummer -Zeit

Informationsbedarf: $IB_{WB} = A_5$ Informationsanfall: $IA_{WB} = z_5\,U_5 + B_5$

Bild A 11: Informationsbaustein "Werkzeugbereitstellung (WB)"

6 AM — MONTAGE

Aufgaben	Informationsfluß	S 72	F 82	F 83	F 83	F 84
	Materialfluß		F 61	F 62		F 63
Datensätze	Soll-Daten ↓	Auftragszuweisung A				
	Ist-Daten ↑		Arbeitsbeginn f	Unterbrechungsbeginn U	Unterbrechungsende U	Arbeitsende f
Datenarten		-Auftragsnummer -Zeichnungsnummer -Teilenummer -Stückzahl -Arbeitsanweisungen -Termine	-Auftragsnummer -Personalnummer -Zeit	-Auftragsnummer -Personalnummer -Zeit -Unterbrechungsgrund (z. B. Störung, Schichtende)	-Auftragsnummer -Personalnummer -Zeit	-Auftragsnummer -Personalnummer -Zeit -Stückzahl

Informationsanfall: $IB_{AM} = A_{6_2}$ Informationsbedarf: $IA_{AM} = 2(f_{6_2} + z_{6_2}\,U_{b_2})$

Bild A 12: Informationsbaustein "Arbeitsausführung Montage (AM")

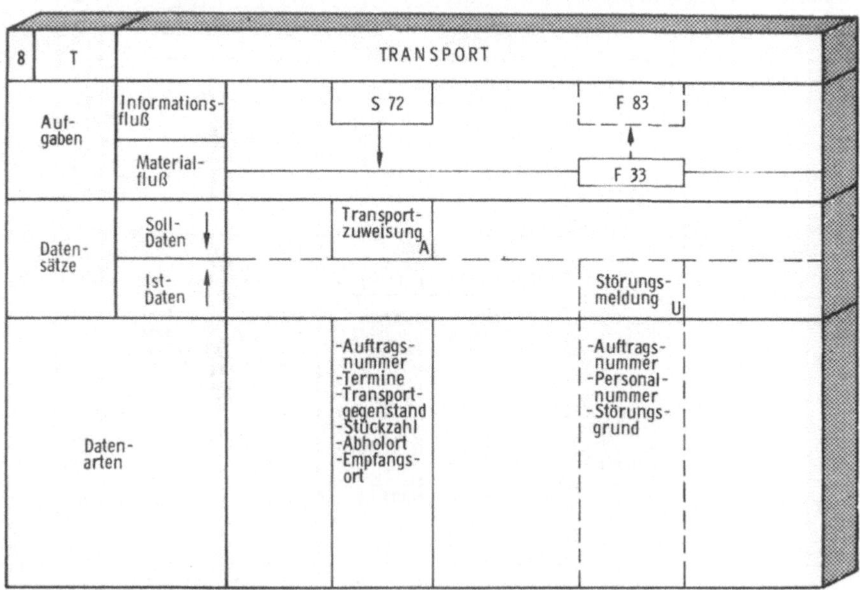

Informationsbedarf: $IB_K = 0$ Informationsanfall: $IA_K = K_7$

Bild A 13: Informationsbaustein "Kontrolle (K)"

Informationsbedarf: $IB_T = A_8$ Informationsanfall: $IA_T = z_8\, U_8$

Bild A 14: Informationsbaustein "Transport (T)"

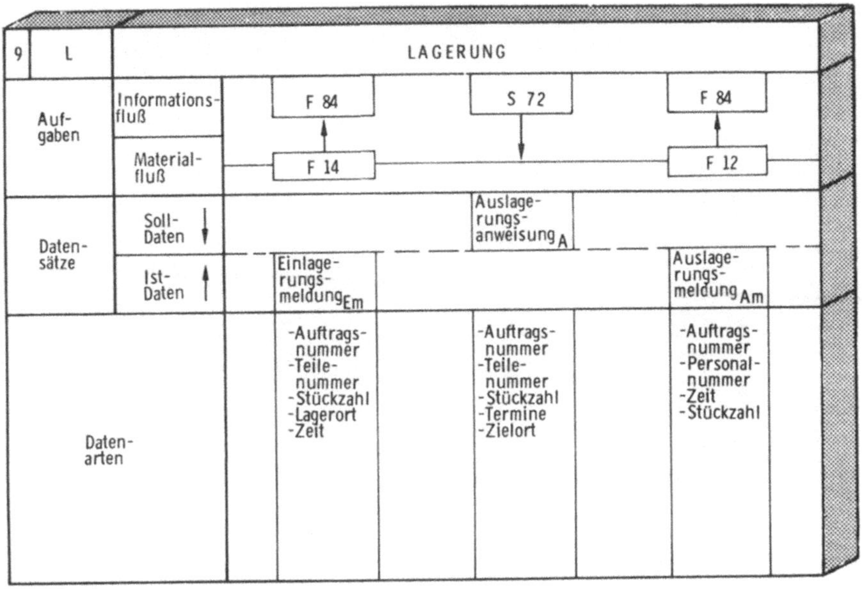

9	L	LAGERUNG				
Aufgaben	Informations-fluß	F 84		S 72		F 84
	Material-fluß	F 14				F 12
Daten-sätze	Soll-Daten ↓			Auslage-rungs-anweisung $_A$		
	Ist-Daten ↑	Einlage-rungs-meldung $_{Em}$				Auslage-rungs-meldung $_{Am}$
Daten-arten		-Auftrags-nummer -Teile-nummer -Stückzahl -Lagerort -Zeit		-Auftrags-nummer -Teile-nummer -Stückzahl -Termine -Zielort		-Auftrags-nummer -Personal-nummer -Zeit -Stückzahl

Informationsbedarf: $IB_L = A_9$ Informationsanfall: $IA_L = Em_9 + Am_9$

Bild A 15: Informationsbaustein "Lagerung (L)"

Anhang 3.2: <u>Organisationstypische Auftragsdurchläufe durch die Fertigung</u> [*]

(vgl. Kapitel 4.4.2; 4.4.3.2)

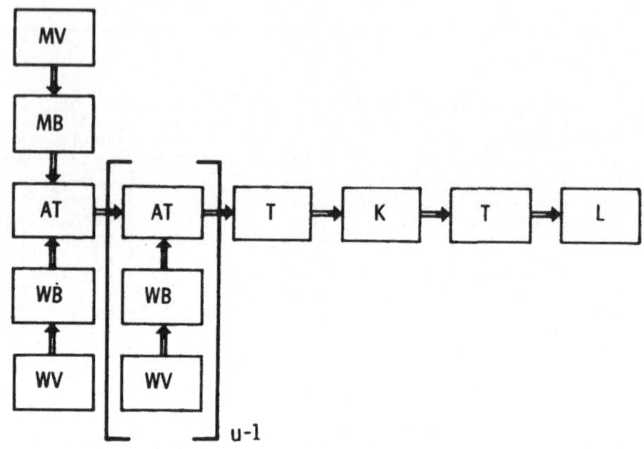

u: Anzahl der Arbeitsvorgänge je Auftrag in der Teilefertigung

Bild A 16: Beispiel des Auftragsdurchlaufs in
einer Gruppenfertigung

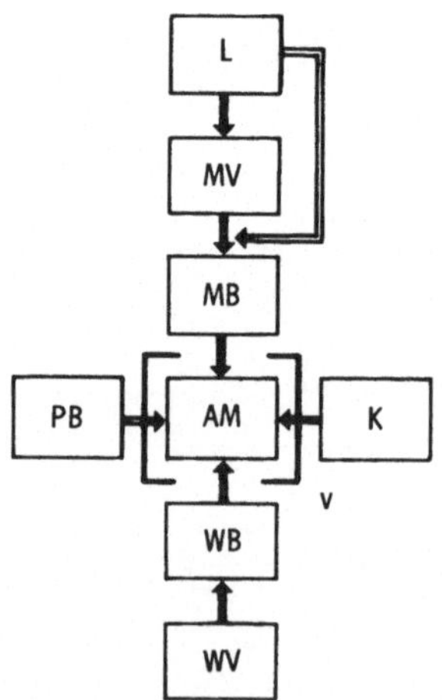

v: Anzahl der Arbeitsvorgänge je Auftrag in der Montage

Bild A 17: Beispiel des Auftragsdurchlaufs in
einer Baustellenfertigung

[*] Zur Darstellung werden die Informationsbausteine aus Kapitel
4.4.2 und Anhang 3.1 verwendet. Die Bedeutung der Abkürzungen
ist aus Tabelle 4 zu ersehen.

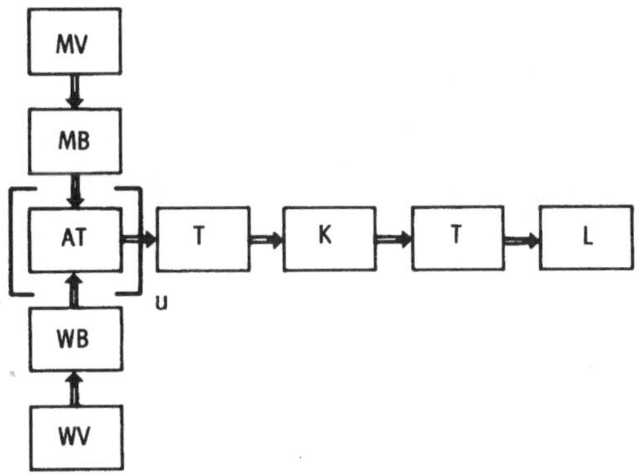

u: Anzahl der Arbeitsvorgänge je Auftrag in der Teilefertigung

Bild A 18: Beispiel des Auftragsdurchlaufs in
einer Punktfertigung

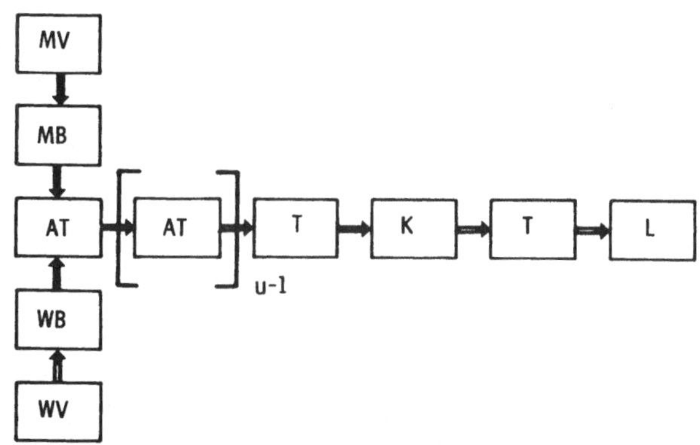

u: Anzahl der Arbeitsvorgänge je Auftrag in der Teilefertigung

Bild A 19: Beispiel des Auftragsdurchlaufs in einer Reihen-
und Fließfertigung (Teilefertigung)

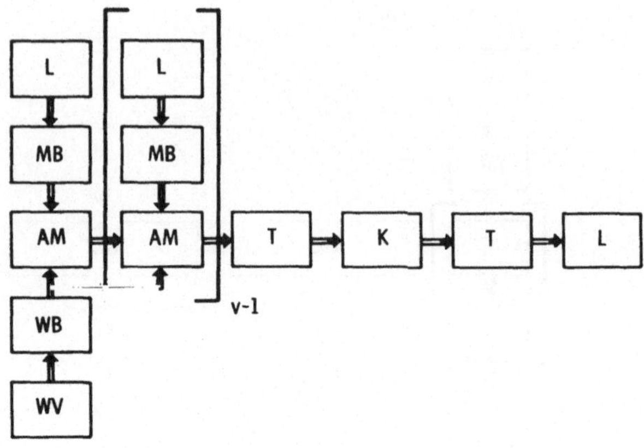

v: Anzahl der Arbeitsvorgänge je Auftrag in der Montage

Bild A 20: Beispiel des Auftragsdurchlaufs in einer
Reihen- und Fließfertigung
(Montage)

Anhang 4: **Ablaufplan des Programms für die Auswahl von System-modellen zur kurzfristigen Fertigungssteuerung**

(vgl. Kapitel 6.2)

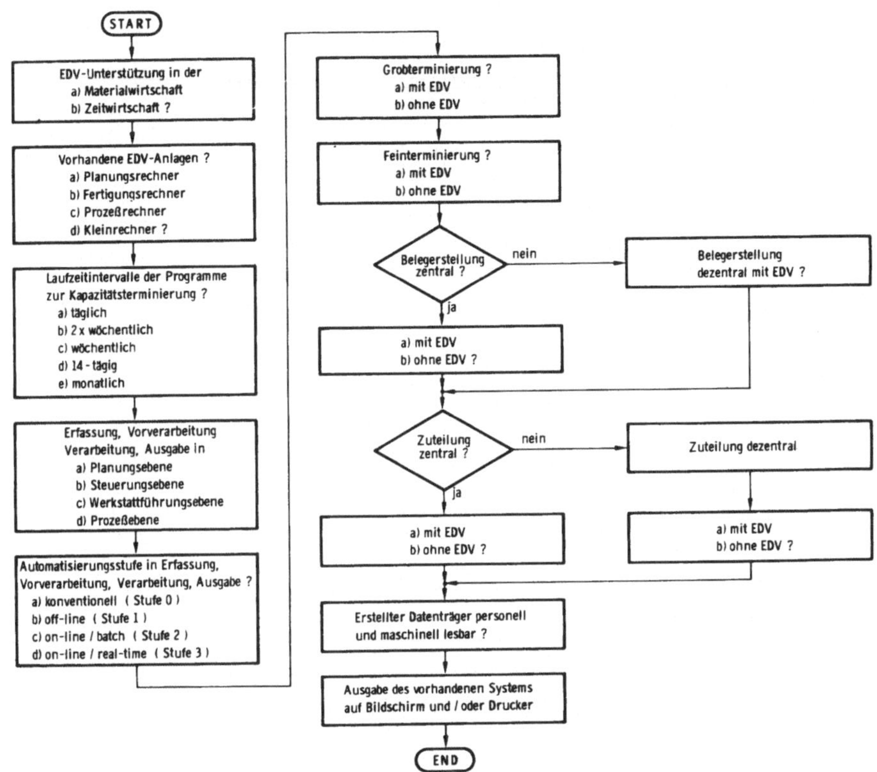

Bild A 21: Programmablauf (Grobstruktur) zur Ermittlung des EDV-Ist-Zustands

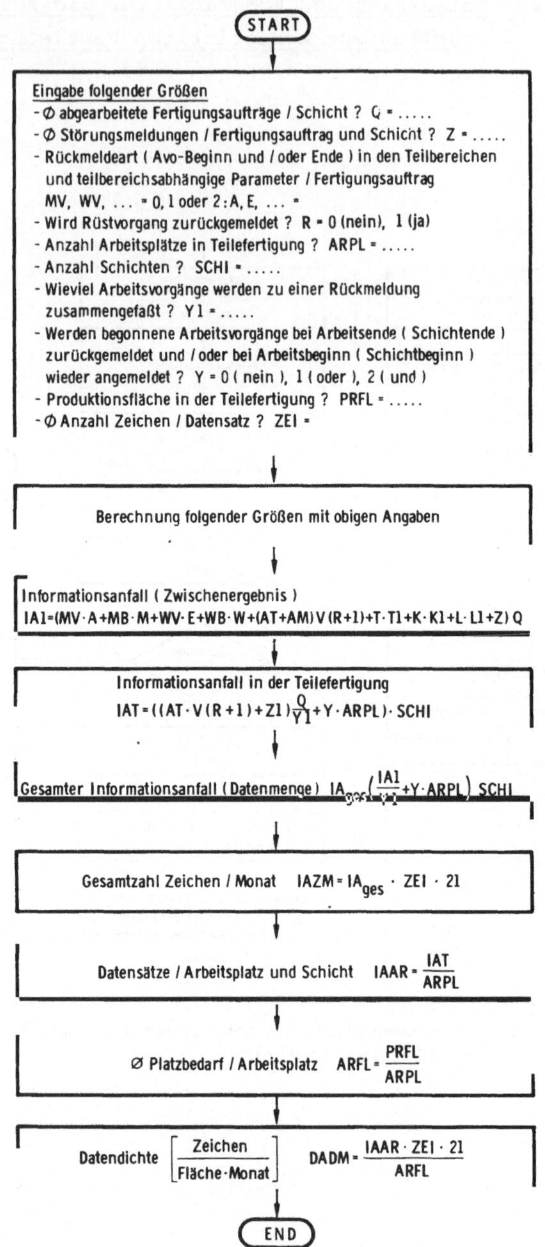

Bild A 22: Programmablauf (Grobstruktur) zur Ermittlung
der Bestimmungsgrößen

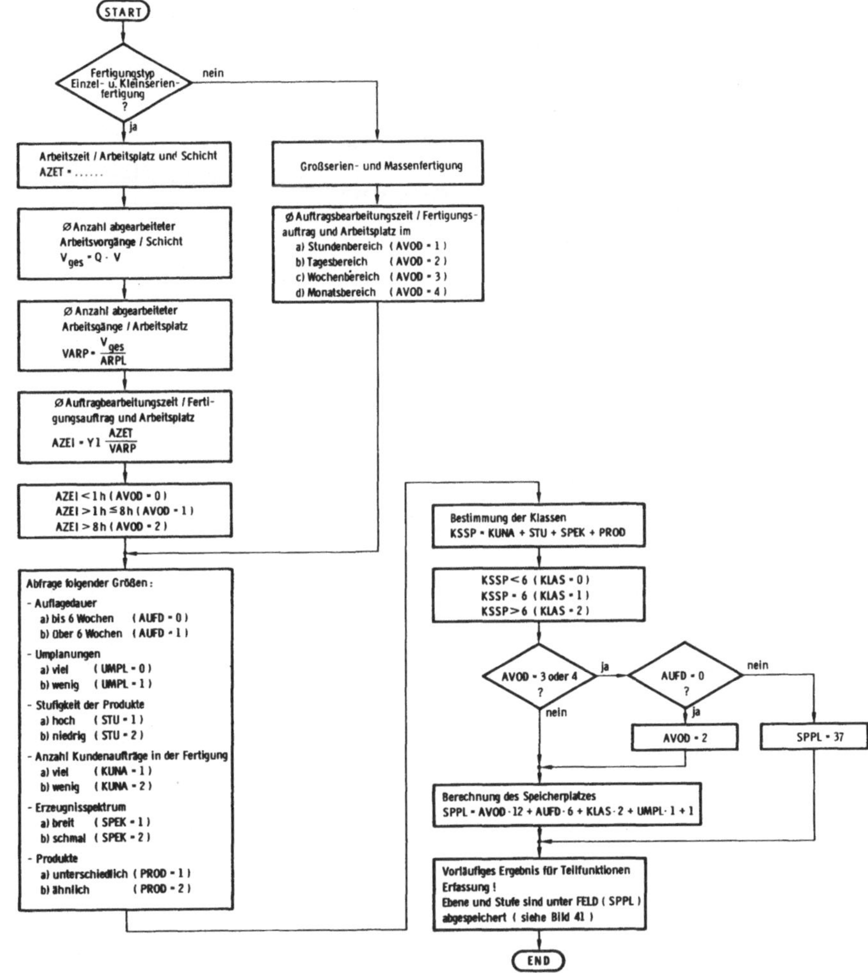

Bild A 23: Programmablauf (Grobstruktur) zur Bestimmung der allgemeinen Einflußgrößen

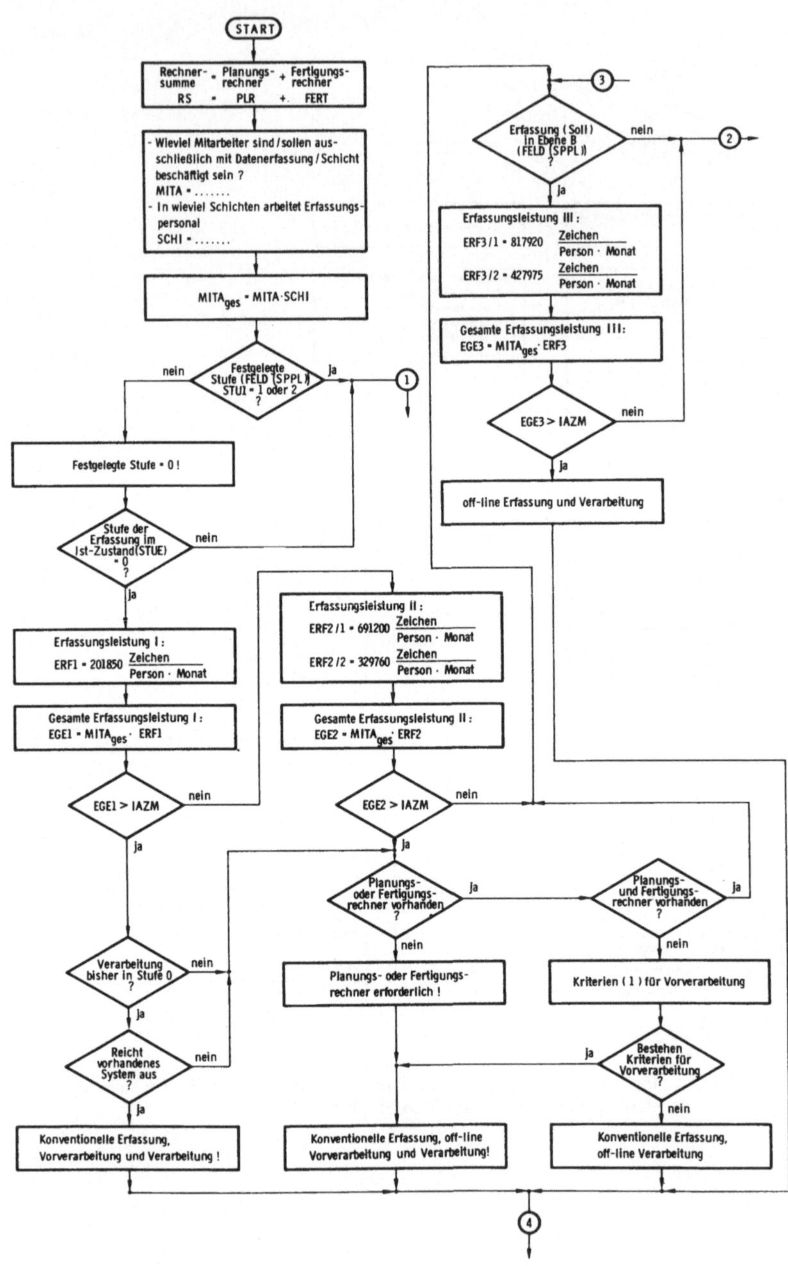

Bild A 24: Programmablauf I (Grobstruktur) zur Überprüfung von Randbedingungen und zur Festlegung der Teil- funktionen "Vorverarbeitung und Verarbeitung"

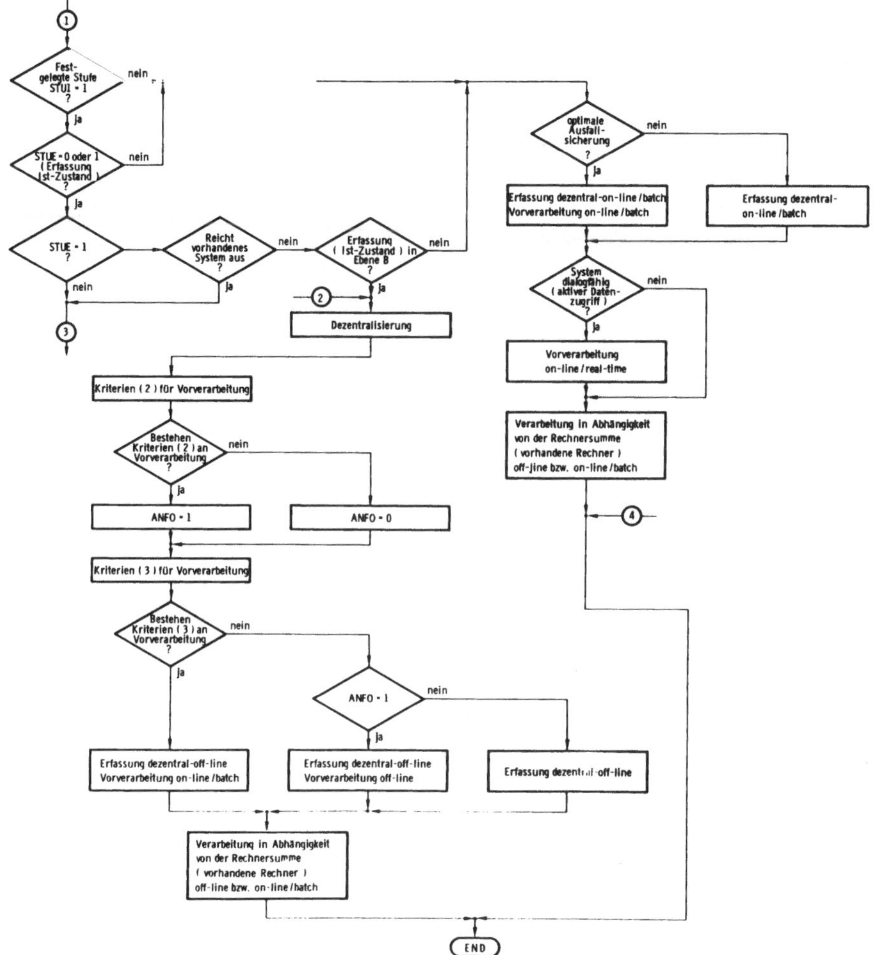

Bild A 25: Programmablauf II (Grobstruktur) zur Überprüfung
von Randbedingungen und zur Festlegung der Teilfunktionen "Vorverarbeitung und Verarbeitung"

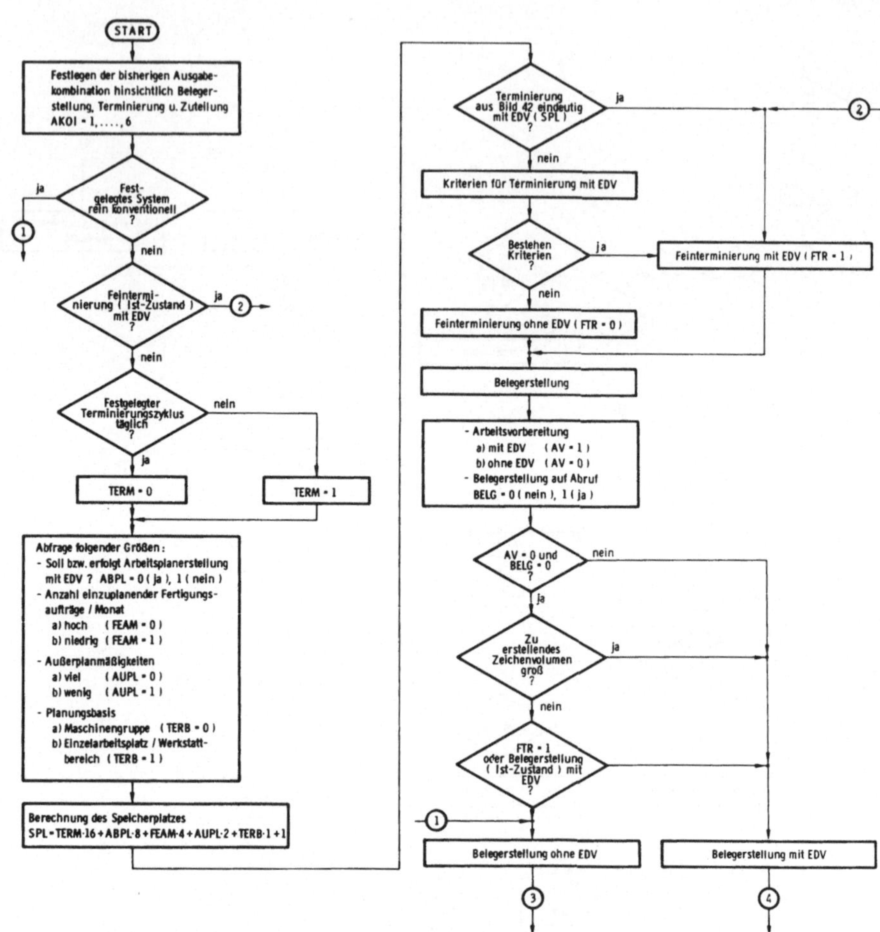

Bild A 26: Programmablauf I (Grobstruktur) zur Festlegung der Teilfunktion "Ausgabe"

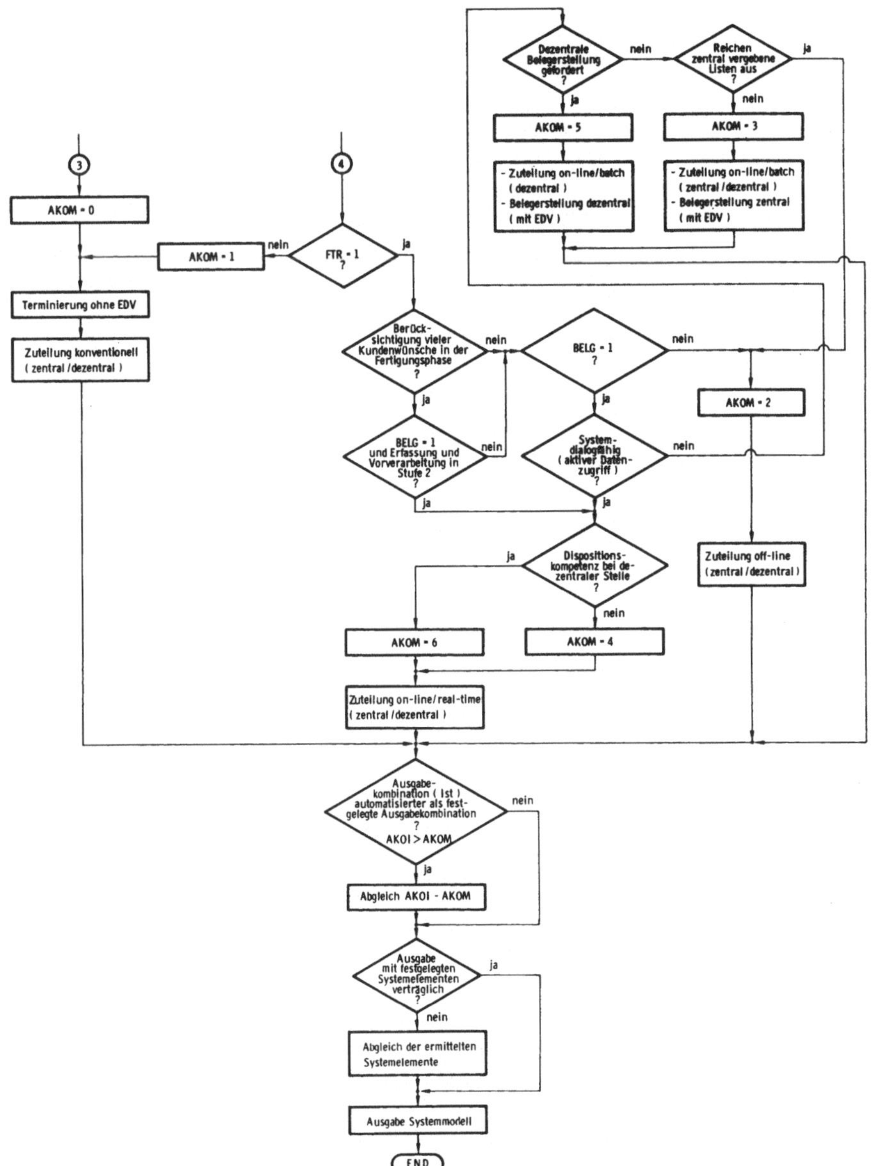

Bild A 27: Programmablauf II (Grobstruktur) zur Festlegung der Teilfunktion "Ausgabe"

IPA Forschung und Praxis

Schriftenreihe aus dem Institut für Produktionstechnik und Automatisierung, Stuttgart

Herausgeber: Prof. Dr.-Ing. H. J. Warnecke

Stufenweise Ableitung eines praktischen Planungssystems für den Entwicklungsbereich
Von R. Hichert. ISBN 3-7830-0149-8.
1979, 151 Seiten, kartoniert. 52,— DM

Produktionsplanung mit Auftragsfamilien
Von U. W. Geitner. ISBN 3-7830-0161.7.
1979, 110 Seiten, kartoniert. 45,— DM

Thermisch-chemisches Entgraten
Von T. Wagner. ISBN 3-7830-0164-1.
1979, 111 Seiten, kartoniert. 45,— DM

Untersuchung der Materialflußkosten bei ausgewählten Systemen der Zentralen Arbeitsverteilung
Von R. Wenzel. ISBN 3-7830-0162-5.
1979, 168 Seiten, kartoniert. 86,— DM

Anpassung und Einführung eines Planungssystems für die Ablaufplanung im Konstruktionsbereich
Von W. Dangelmaier. ISBN 3-7830-0163-3.
1979, 168 Seiten, kartoniert. 80,— DM

Längenmessungen an bewegten Teilen mit berührungslos wirkenden Aufnehmern
Von H. Lang. ISBN 3-7830-0157-9.
1979, 89 Seiten, kartoniert. 42,— DM

Untersuchung multistabiler Strömungselemente und ihr Einsatz in sequentiellen Steuerungen
Von A. Ernst. ISBN 3-7830-0157-9.
1979, 122 Seiten, kartoniert. 48,— DM

Taktile Sensoren für programmierbare Handhabungsgeräte
Von M. Schweizer. ISBN 3-7830-0158-7.
1979, 91 Seiten, kartoniert. 42,— DM

Die rechnerunterstützte Prüfplanung
Von P. Bläsing. ISBN 3-7830-0152-8.
1979, 100 Seiten, kartoniert. 44,— DM

Verfahren zur Fabrikplanung im Mensch-Rechner-Dialog am Bildschirm
Von W. Ernst. ISBN 3-7830-0156-0.
1979, 218 Seiten, kartoniert. 72,— DM

Rechnerunterstütztes Verfahren zur Leistungsabstimmung von Mehrmodell-Montagesystemen
Von M. Görke. ISBN 3-7830-0155-2.
1979, 139 Seiten, kartoniert. 50,— DM

Standortbezogene Betriebsmittel
Von G. Pflieger. ISBN 3-7830-0167-6.
1979, 127 Seiten, kartoniert. 52,— DM

Die betriebswirtschaftliche Beurteilung neuer Arbeitsformen
Von B.-H. Zippe. ISBN 3-7830-0168-4.
1979, 350 Seiten, kartoniert. 98,— DM

Untersuchung des Arbeitsverhaltens programmierbarer Handhabungsgeräte
Von B. Brodbeck. ISBN 3-7830-0169-2.
1979, 117 Seiten, kartoniert. 48,— DM

Untersuchung eines kohärent-optischen Verfahrens zur Rauheitsmessung
Von N. Rau. ISBN 3-7830-0174-9.
1979, 117 Seiten, kartoniert. 48,— DM

Entwicklung einer programmierbaren, pneumatischen Steuerung
Von D. Klemenz. ISBN 3-7830-0171-4.
1979, 93 Seiten, kartoniert. 42,— DM

Diese Berichte sind zu beziehen durch den Krausskopf-Verlag, Lessingstraße 12, 6500 Mainz

IPA Forschung und Praxis

Berichte aus dem Fraunhofer-Institut für Produktionstechnik und Automatisierung, Stuttgart, und dem Institut für Industrielle Fertigung und Fabrikbetrieb der Universität Stuttgart

Herausgeber: Prof. Dr.-Ing. H. J. Warnecke

Die Berichte 38 und folgende sind zu beziehen durch den Springer-Verlag, Berlin Heidelberg New York